JN025196

GREEN CHEMISTRY

グリーン
ケミストリー

環境負荷を減らすために
必要な化学知識

堀越 智・大橋 憲司・近藤 晃［著］

日刊工業新聞社

はじめに

この10年間で、化学および環境はどのように変化したのでしょうか。この問いについて生成AIに「2014年の化学と環境について教えて」と尋ねると、次のような答えが得られました。

> 2014年から2023年への変化は以下の通りです。
> 気候変動対策が一層強化され、再生可能エネルギーの採用が進んでいます。
> 持続可能な製品と製造プロセスの重要性が認識され、プラスチック削減への取り組みが強化されています。
> 企業が製品デザイン段階で環境への影響を考慮する傾向が強くなり、デジタル技術が環境モニタリングや効果的なリソース利用に貢献しています。
> これらの変化は科学技術の進歩や国際的な協力、消費者の意識の変化に起因しています。
>
> （生成AIより）

化学分野が解決すべき環境問題は、「達成度が問われない、遠い先の解決目標」から、「達成度が問われる具体的な解決計画」へと変わったことが分かります。

変化に対応し、将来の化学が進むべき方向を考える際、26年前に提案された「グリーンケミストリー」は重要な指針となります。このコンセプトは、経済性、安全性、環境への配慮などの要素を組み合わせ、持続可能な化学の実践を提唱しています。特に、現代では環境問題やサステナビリティに対する課題がより鮮明になっています。そのため、グリーンケミストリーの原則を最大限に取り入れることで、環境への負荷を軽減し、地球規模の持続可能性に寄与できるでしょう。

世界17カ国で行った『気候変動が人々や地球を脅かすことを心配していますか？』というアンケートの結果から、日本は危機感の大きさに対して最下位であり、日本人の環境意識が低いことが明らかになりました。しかし、「地球沸騰化」の時代が到来し、世界ではその対策に4京（けい）円以上を投じる必要があると言われている今だからこそ、グリーンケミストリー（GC）を活用した「地球環境や将来世代に寄り添える化学」を実践し、この世界的問題の解決を、日本の化学が牽引するための「機会」として捉えてください。

本書は大学のGCや環境の専門家、企業のサステナビリティ戦略立案と推進の専門家、企業の天然資源化学やサーキュラーエコノミーの専門家の視点から、これからの化学に必要な考えを協力してまとめ、これらをバランスよく盛り込んでいます。化学者や技術者を目指す大学生や新入社員が、現代の化学を感じるきっかけとなるように構成しており、また転換期と言われている化学産業を実践している人も参考になる内容です。まずは本書全体をお読みいただき、内容の全体像を感じてみてください。そして、連続的な学び以外にも必要に応じて各項目を確認できるよう、各項目は数ページ単位でまとめてあります。

最後に、豊富な経験を元に文章をまとめていただいた2名の著者に深く感謝いたします。

なお、本書では多くのご教示を学術的な文献やインターネットから得ており、本書の紙面を借りて、著者を代表して御礼を申し上げます。

2024年3月
半袖で過ごせる日和の東京より
上智大学　堀越　智

グリーンケミストリー
環境負荷を減らすために必要な化学知識

第3章 グリーンケミストリーへの契機

第4章 グリーンケミストリーとは

第5章 グリーン度の向上と課題

第6章 化学産業におけるグリーンケミストリー

第7章 化学物質のリスク

第8章 循環型社会と企業の社会的責任

第9章 循環型社会に向けた評価と設計

持続可能な社会

1-1 持続可能性とは

産業革命以前まで、人類はほとんどの経済活動を太陽がもたらすエネルギーの範囲内で行ってきた。燃料として使用される薪の熱エネルギーは、太陽光のエネルギーを植物が光合成により化学エネルギーに置き換えて貯蔵したものであり、小麦の脱穀などに使われる水車を動かす水流の運動エネルギーは、太陽光の熱エネルギーから変換された位置エネルギーを水が蓄えたものである。

そのため、利用できるエネルギー量には限りがあり、森林の生産力が産業成長の制約となっていた。16世紀から本格的に石炭の利用が始まると、地球が貯金してきたエネルギーを利用し、これを熱源や動力源として、経済活動の規模や移動範囲を大きく広げることに成功した。

これに伴い、人口増加が著しく進み、その結果として人間活動のためのエネルギー源である食糧生産も必要となった。イギリスの経済学者トマス・ロバート・マルサスは「人口論」の中で、人口増加に食糧生産が追いつかないことを警告したが、この難題を解決したのがドイツの化学者フリッツ・ハーバーとカール・ボッシュである。空気中の窒素から「アンモニアを化学合成」するハーバー・ボッシュ法により、窒素肥料の量産が可能になったことで、1950年以降、穀物生産量が飛躍的に増大した。

それまで、自然の循環の範囲でしか得ることができなかったエネルギーと食糧の限界を、科学の力で乗り越えた人類は、自然との向き合い方を大きく変えることになる。化石資源の莫大なエネルギーは、単純な労働から人類を解放したが、自然環境の持続性を超えた合理性と利潤追求による弊害は、経済の発展とともに公害や環境問題という形で顕在化した。

ローマクラブ[注釈1]は経済成長や工業的成長と人口との関係を解析し、この結果を1971年に「成長の限界」というレポートにまとめた。これには、指数関数的な伸びを示す世界人口に対して、食糧生産、資源消費、汚染、工業生産、サービスなどの限界点を表しており、非持続可能な未来の到達を予言したものだった（**図1-1**）。

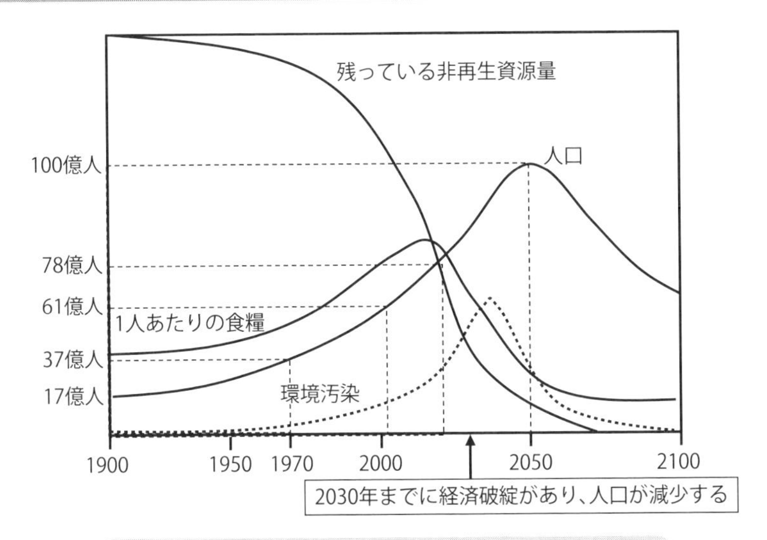

図1-1　人口増加と経済成長や工業的成長の変化の予想[注釈2]

世界の持続可能な開発を目指すことを目的に国連に設置された「環境と開発に関する世界委員会（通称ブルントラント委員会）」は、その報告書「Our Common Future：我ら共有の未来」の中で、持続可能な開発を「将来世代の欲求を満たしつつ、現行世代の欲求も満足させるような開発」と定義している。

どちらも、潤沢に資源を利用できる今の世代と、限られた資源しか利用できないと予想される将来の世代との、世代間不均衡を持続可能性の課題として捉えており、「持続可能性」という概念は、世界の経済や環境の現状からは、将来が持続的でないという危機感があったから生まれたことになる。

アメリカの生態経済学者のハーマン・デイリーは、地球上の資源の持続可能な利用速度に関して、次のように定義している。

- **再生可能資源**[注釈3]**の消費速度は、その再生速度を上回ってはならない**
- **再生不可能資源の消費速度は、それを代替する持続可能な再生可能資源が開発される速度を上回ってはならない**
- **汚染の排出量は、環境の吸収能力を上回ってはならない**

この原則に従うと、再生に極めて長い時間を要する化石資源や鉱物資源の利用は、持続可能ではないことを意味する。人間の経済成長には「最適な規模」があり、自然資本は人間の福祉の究極的な源泉であることから、森や海など自然資本の制約を超えて成長することは不可能であるという考え方で、これを「強い持続可能性」という。

一方で自然資本は人間の福祉の決定要因の一つであり、自然資本はその他の人工資本などで代替可能であるという考え方もあり、これを「弱い持続可能性」という。現在、様々な場で議論されている持続可能性は、多くの場合、イノベーションによる自然資本の代替を考慮に入れた、弱い持続可能性が前提とされている。

ポイント

- ☑ 化石資源の利用によって人類はエネルギー利用と食糧生産の自由を得たが、同時に社会・環境領域での問題を抱えることとなった。
- ☑ 持続可能性とは、現行世代と将来世代の世代間不均衡を解消しつつ、環境・社会を維持し、発展し続けられる状態を意味する。
- ☑ 自然資本の限界を社会の限界とする考え方を「強い持続可能性」、人工資本と自然資本の双方を考慮する考え方を「弱い持続可能性」という。

注釈1　地球の有限性という共通の問題意識を持った世界各国の知識人や財力を有する人々で構成される民間の団体

注釈2　成長の限界―ローマ・クラブ「人類の危機」レポートより改変

注釈3　人間の寿命程度の期間で再生可能な資源

1-2 SDGs

『Give a human face to the global market.（人の顔の見える経済を作ろう）』と呼びかけたコフィー・アナン国連事務総長の理念は、1999年にダボス会議注釈1で提唱され、グローバルコンパクト、PRI（責任投資原則注釈2）、そしてMDGs（ミレニアム開発目標注釈3）として結実した。その後、2015年に役目を終えたMDGsと、2012年にブラジル・リオデジャネイロで開催された国連持続可能な開発会議（Rio＋20）で採択された成果文書「The Future We Want」を引き継ぐ形で、装いを新たに2030アジェンダの一部として「SDGs（持続可能な開発目標）注釈4」が国連総会で決議された。

SDGsは17のゴールと169の指標によって構成され、途上国支援の色合いが濃かったMDGsとは異なり、先進国における環境・社会課題解決も対象としたこと、その課題解決に民間セクターの参画を呼び掛け、「だれ一人取り残さない」という理想主義的なスローガンを掲げた点に特徴がある。

SDGsは、民間企業の経営にとっても大きなテーマとして認識されたが、一方で、『どのように取り組めばよいのか？』という点が今なお、企業にとっては大きな課題となっている。この問題の解決に、国連グローバルコンパクト、GRI注釈5、WBCSD注釈6は、SDGsに取り組む指針としてSDGsコンパスを提案している（**図1-2**）。

SDGsコンパスを使うことで、企業が社会に提供する製品やサービスがどのような社会課題や環境問題の解決に繋がっているかを改めて整理し、事業活動による環境や社会への影響を把握することを通じて、企業が貢献できる

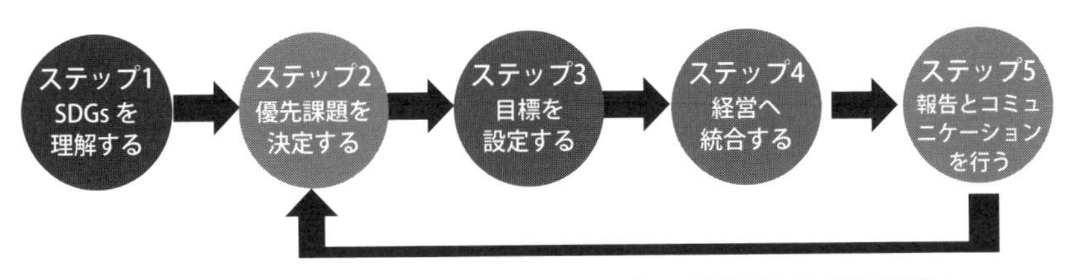

図1-2　SDGsの取り組み方の指標であるSDGsコンパスのイメージ

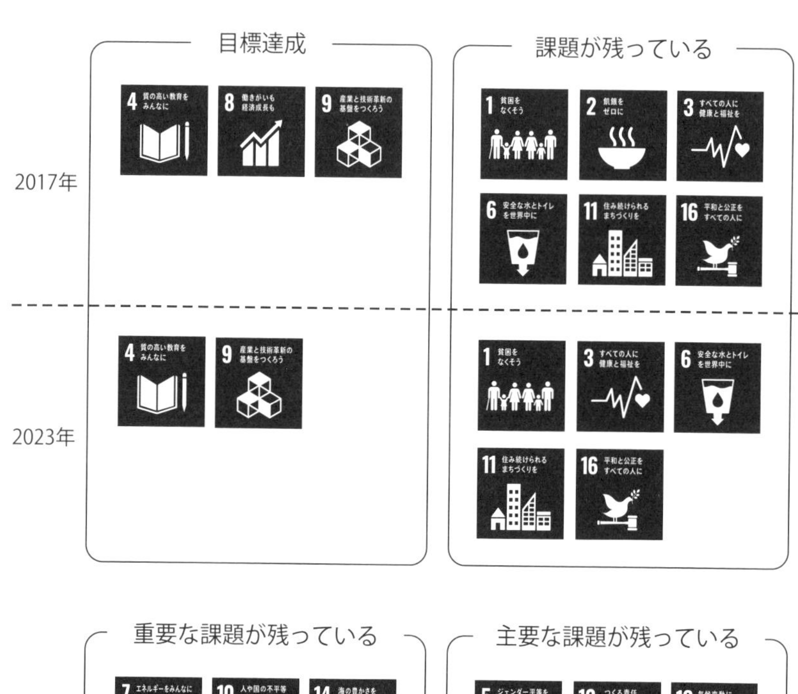

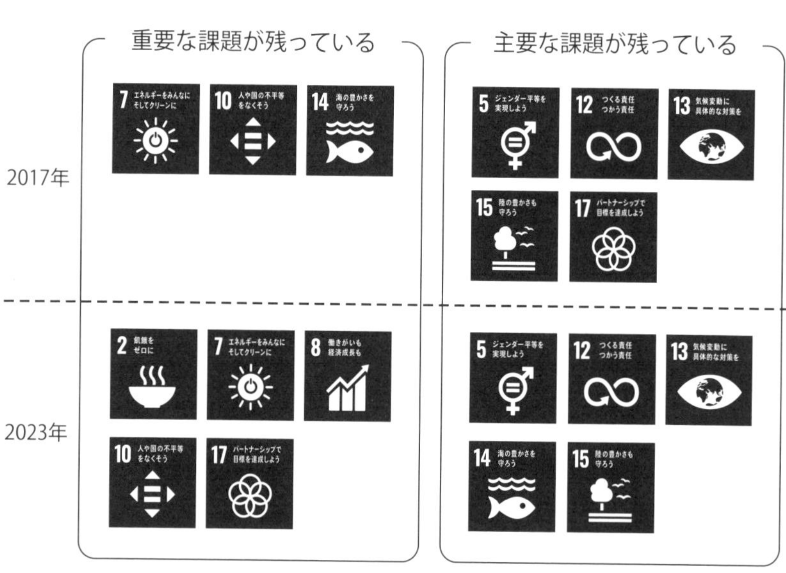

図1-3　SDGsの17のゴールに対する日本の達成度比較（2017年と2023年）(SDG PERMISSION) 注釈7

領域を認識し、社会の課題解決に積極的に関与することを求めている。

SDGsの達成度は国別に順位付けされている。日本は2017年には世界で11位であったが、その順位は年々降下しており、2023年では21位になってしまった（**図1-3**）。

SDGsの17の目標は、どれもが必要な社会や環境システムの維持や基本的人権に関わるもので、必ずしも「社会全体の幸福を保証する内容ではない」ことに注意しなければならない。多くの人が自分らしく生きる、あるいはより楽しく文化的な人生を享受するためには、SDGsを超えた努力や枠組みが必要となり、これには政府だけでなく企業の関与も重要である。

ポイント

- ☑ SDGsは持続可能な環境、社会、経済を作るための世界共通の目標である。
- ☑ SDGsの目標達成のためには、政府だけでなく企業の関与も重要である。
- ☑ 世界中のすべての人が文化的で幸福な人生を送るためには、SDGsを超えた努力や枠組みが求められる。

注釈1 世界経済フォーラム（The World Economic Forum：WEF）年次総会
注釈2 Principles for Responsible Investment
注釈3 Millennium Development Goals
注釈4 Sustainable Development Goals
注釈5 Global Reporting Initiative
注釈6 World Business Council for Sustainable Development
注釈7 https://s3.amazonaws.com/sustainabledevelopment.report/2017/2017_sdg_index_and_dashboards_report.pdf から作成

1-3 化学産業とSDGs

世界の課題解決は、民間企業の経営にとっても重要なテーマであり、化学産業においても積極的に取り組むことが求められている。現在では企業内にCSR[注釈1]やCSV[注釈2]を担当する部署が置かれることも珍しくなく、企業活動においても環境への責任ある行動が求められている。

SDGsの17個の目標は「生物圏」「社会」「経済」に分けることができる(**図1-4**)。化学産業は特に「生物圏」への貢献がしやすく、例えば「気候変動に具体的な対策を（目標13)」では、化学産業で使用するエネルギーや原料を化石燃料からバイオマスに代えることで、二酸化炭素（CO_2）排出量を減らし、地球温暖化防止に貢献することができる。

また、「安全な水とトイレを世界中に（目標6)」では、水からバクテリアや有害物質を容易に除去できる新しい素材を開発すれば、安全な飲料水や衛生施設を利用できない人々を大幅に減らすことが可能となる。さらに、「つくる責任、つかう責任（目標12)」に対して、例えば廃棄後の影響まで考慮

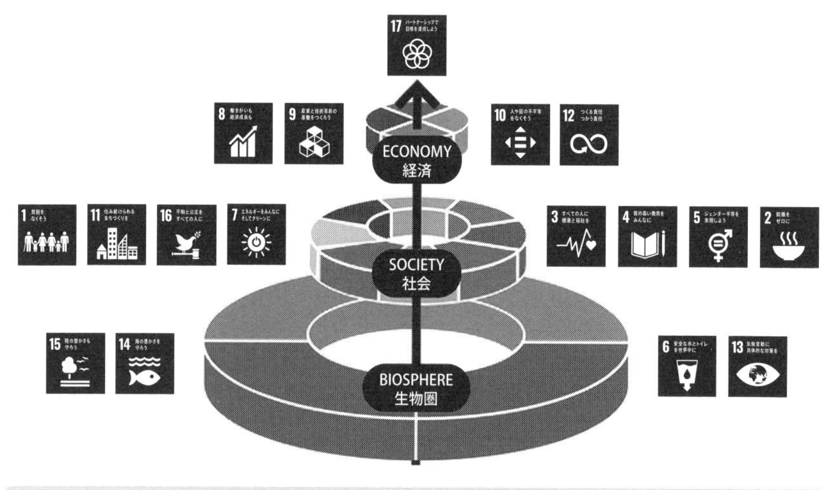

図1-4　SDGsの17個の目標は3つの領域に分けることができる（SDG PERMISSION)[注釈3]

した分子や素材の設計を行うことで、廃棄物問題や環境汚染問題を防止することに繋がる。

一方で、化学史上最大の発明の一つであるハーバー・ボッシュ法によって合成されたアンモニアは、安定的に合成肥料の工業生産を可能とし、「飢餓をゼロに（目標2）」に対して半世紀以上にわたって貢献してきた。しかし、この合成アンモニアの生産量は、自然循環で行われている窒素固定量と同量に達しており、さらにその施肥量注釈4は植物の吸収量を超えている。

この環境中の余剰窒素は富栄養化（水質汚染）の原因となり、間接的に地球温暖化、大気汚染、水質汚染、酸性化などの問題を引き起こし、目標13、14、15（気候変動に具体的な対策を、海の豊かさを守ろう、陸の豊かさも守ろう）に対して、負の影響を与えている。すなわち、ハーバー・ボッシュ法はSDGsの目標に対して「トレードオフ（両立できない関係性）」を持っている（**図1-5**）。

化学産業はSDGs達成に向けて様々な役割を果たすことができるが、見方を変えると、化学産業がSDGsの目標達成を阻害する場合もある。「出船に良い風は入り船に悪い」の通り、SDGsの目標を達成することがゴールでは

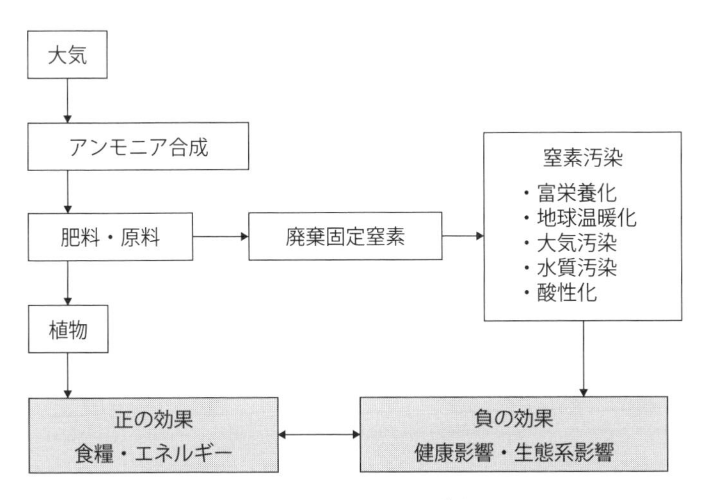

図1-5　大気から合成した固定窒素は正の影響と負の影響を持つトレードオフの関係にある

なく、社会や環境の課題を包括的に解決し、持続可能な開発を達成することがゴールとなることを忘れてはならない。

ポイント

☑ 化学産業はSDGsの達成に貢献できるが、別の見方をするとSDGsに逆行した影響を与えることもある。

注釈1 Corporate Social Responsibility

注釈2 Creating Shared Value

注釈3 https://www.stockholmresilience.org/research/research-news/2016-06-14-the-sdgs-wedding-cake.htm

注釈4 肥料を畑にまく量

1-4 プラネタリー・バウンダリー

化学産業とは原料を化学反応によって分子変換を行うことで新しい物質に変え、人々の生活を支える製品を生み出す産業である。日本で化学産業に従事する人数は86万人を越え、輸送用機械器具製造業に次いで第2位の産業規模を誇る。また、医薬品、化粧品、農薬、塗料、プラスチック、ゴム、洗剤、化学繊維、半導体材料などの化学素材や、さらには合成燃料や水素などのエネルギー分野で利用される製品群を生み出している。まさに、私たちの文明を支えている産業と言える。

一方で化学産業が生み出す製品群には、自然界に存在しない化学物質も多く、地球環境への予期せぬ悪影響を与え、地球が持つ治癒力では回復できない悪影響を及ぼすこともある。そうした悪影響の緩和や吸収能力に地球という惑星の限界値（閾値）を示した概念を「プラネタリー・バウンダリー」という。

プラネタリー・バウンダリーの項目は（1）気候変動（CO_2は分離）、（2）大気エアロゾルの負荷、（3）成層圏オゾンの破壊、（4）海洋酸性化、（5）淡水変化、（6）土地利用変化、（7）生物圏の一体性、（8）生物地球化学的循環（窒素・リンを分離）、（9）新規化学物質に分かれており（**図1-6**）、「限界値以下（安全）」、「不安定な領域（リスク増大）」、「不安定な領域を超えている（リスク大）」の3つのレベルに分かれている。

気候変動の中のCO_2濃度を例にプラネタリー・バウンダリーを説明する。CO_2濃度の限界幅の下限は350ppm、上限は450ppmと定められており、2022年現在のCO_2濃度は417.9ppmであることから、限界値に近い値であることが分かる。一方で、固定窒素の人為的流入量の限界値は、年間62Tg（テラグラム）と定められており、現在の年間150Tgは限界値の2倍を超えている。

また、2009年には「新規化学物質」に対する備えは不要であったにもかかわらず、2023年にはすでに限界値を超えている。昔は安全と思われてきた化学物質が、最近になって健康や環境へ潜在的な悪影響を及ぼすことが分

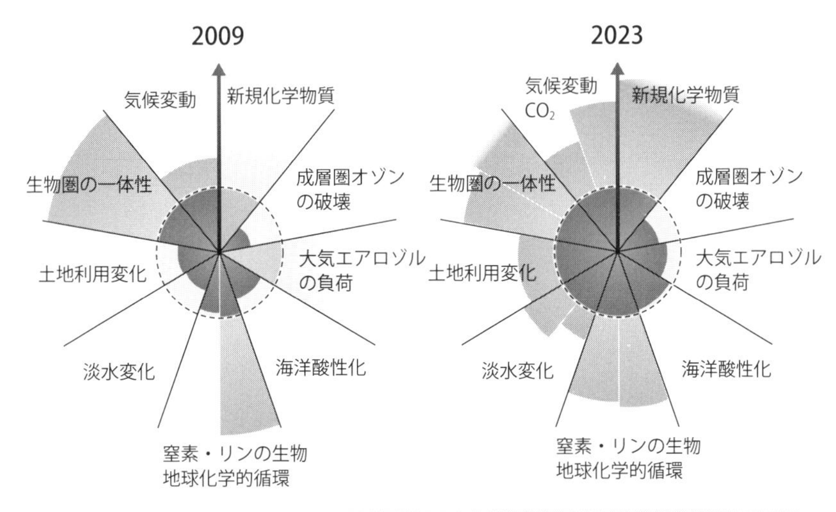

図1-6　プラネタリー・バウンダリーの項目の2009年から2023年への変化[注釈1]

かったことも理由として考えられる。

プラネタリー・バウンダリーが示す限界値を超え、地球に不可逆的な変化が生じる限界点を「ティッピングポイント[注釈2]」という。ただし、「リスク大」と評価されても落胆する必要はない。限界を知り、それ以上の環境負荷の増大を食い止める持続可能な開発をすることが重要である。

ポイント

- ☑ **地球の限界値（閾値）を明確に示した概念をプラネタリー・バウンダリーという。**
- ☑ **地球の許容限界を超えないように環境影響を管理することが、持続可能な社会の実現には不可欠である。**

注釈1　https://www.stockholmresilience.org/research/planetary-boundaries.htmlから作成

注釈2　物事がある一定の条件を超えると一気に広がる現象

1-5 レスポンシブル・ケア

化学産業分野において、持続可能な社会を実現するために、レスポンシブル・ケア（Responsible Care）という自主的な取り組みがある。この取り組みは、化学物質のライフサイクル全般、すなわち化学物質の開発から製造、物流、使用、最終消費、廃棄またはリサイクルの工程において、健康、安全、環境への影響を管理することを目的として作られた。

その実施項目には、「環境安全」「保安防災」「労働安全衛生」「物流安全」「化学品・製品安全」「コミュニケーション」がある（**図1-7**）。企業はこれら項目に対する設定目標をPDCAサイクル（Plan、Do、Check、Act）に沿って実施し、その成果を社会に公表しなければならない。

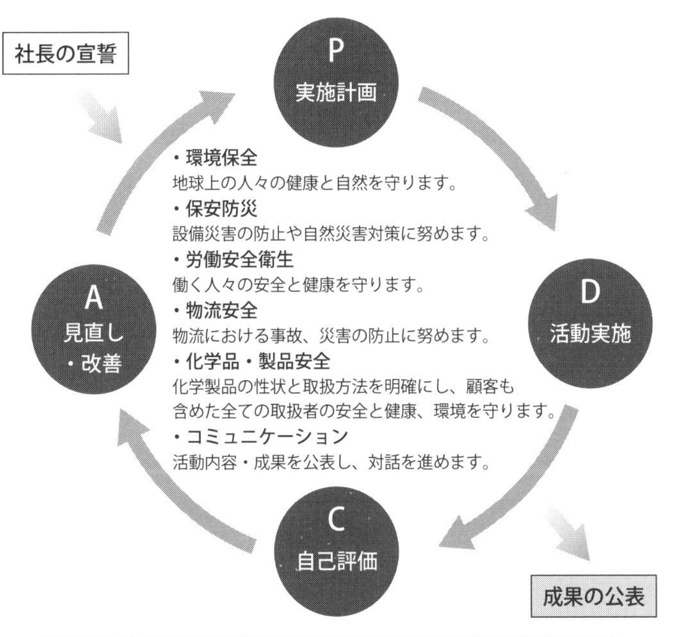

図1-7　レスポンシブル・ケアの各項目とPDCAサイクル[注釈1]

レスポンシブル・ケアは、1985年にカナダで始まった。当時、化学業界は環境や健康への潜在的なリスクを認識し、これらのリスクを管理するための取り組みが必要であるとの認識から、レスポンシブル・ケアが初めて導入された。その後、国際的な協力として、1989年に設立された国際化学工業協会協議会[注釈2]でレスポンシブル・ケアが取り入れられ、これが世界中に広がった。

日本でも、（社）日本化学工業協会（通称：日化協）の中に、日本レスポンシブル・ケア協議会が1995年に設立された。この協議会は、環境、安全、健康に関する統一的な定量的指標を発行し、企業がこれに基づいて具体的な活動を進めるためのプラットフォームとなった。レスポンシブル・ケアは、持続可能な化学産業の確立と社会的な責任の向上に寄与している。

レスポンシブル・ケアは、企業が自主的に化学物質の取り扱いと廃棄について責任を持ち、環境保護と社会の安全性を確保することを責務としている。例えば「大気汚染や水質汚濁防止」の観点では、処理技術の改善や積極的な設備投資により、大気汚染の指標である揮発性有機化合物（VOCs[注釈3]）や硫黄酸化物（SOx）、水質の指標である化学的酸素要求量（COD[注釈4]）について、法規制より厳しい自主管理基準を設定し、これを遵守するように努めている。このような取り組みにより、企業が環境への影響を最小限に抑え、社会全体の安全性を高める役割を果たしている。

また、「産業廃棄物削減」の観点からは、原料や生産工程の見直し、回収や再利用などにより廃棄物発生量や最終処分量の削減を進めている。具体的には、プラスチックの再資源化や、使用済みの酸やアルカリなどのリサイクル技術、廃棄物の原料や燃料化などについて積極的な研究開発を行い、限りある資源の効率的な利用に向けた企業努力が実施されている。これにより、企業は循環型社会の構築に向けて貢献し、持続可能な資源利用の実現に寄与する。

近年では「地球温暖化防止」についての社会的な要請が高まっており、化学産業では「工場のDX（デジタルトランスフォーメーション）[注釈5]」による生産現場でのエネルギー効率の向上、バイオマスや太陽光などの再生可能エネルギーの利用、製品の輸送における企業間の共同物流システムによる省エネルギー輸送などが行なわれている。

レスポンシブル・ケア活動を通して、企業が積極的に環境問題に取り組むことで企業価値を維持または向上させている。同時に、レスポンシブル・ケアにより化学産業の環境、健康、安全面のパフォーマンスが向上し、より持続可能な事業活動が可能になる。レスポンシブル・ケアの実施は、化学産業が開かれた産業として存在するために不可欠な活動となっている。

ポイント

☑ **レスポンシブル・ケアは、化学産業が健康、安全、環境への影響を管理する自主的な取り組みである。**

注釈1 https://www.nikkakyo.org/sites/default/files/2023-04/%E3%83%AC%E3%82%B9%E3%83%9D%E3%83%B3%E3%82%B7%E3%83%96%E3%83%AB%E3%83%BB%E3%82%B1%E3%82%A2%E3%82%92%E7%9F%A5%E3%81%A3%E3%81%A6%E3%81%84%E3%81%BE%E3%81%99%E3%81%8B.pdfより改変

注釈2 International Council of Chemical Associations：ICCA

注釈3 Volatile Organic Compounds

注釈4 Chemical Oxygen Demand

注釈5 Digital X-formation：技術を融合して、業務の効率化などに役立てるプロセス

気候変動と温室効果ガス(GHG)

2-1 地球温暖化

地球の表面に滞留する熱量は、太陽から受けるエネルギー（日射）と、地球から宇宙に向けて放射されるエネルギーの平衡状態で成り立っている。太陽から地球大気表面に受ける1秒あたりの日射の量は、太陽定数として表され、その大きさは1.37×10^3W/m^{2}である（**図2-1**）。これに地球の断面積1.27×10^{14}m^{2}を掛け合わせれば、地球が太陽から受けとる日射総量を計算でき、その日射総量は1.74×10^{17}Wになる。

その日射総量のうち、地表面や海面で48%、大気または雲で23%が吸収され、地球を暖めるために使われる。残り29%は雲、エアロゾル[注釈1]、地表面の雪、氷、砂漠の砂などによって宇宙空間へ放射される。

ただし、日射総量の48%で暖められた地表面や海面からは、その温度に

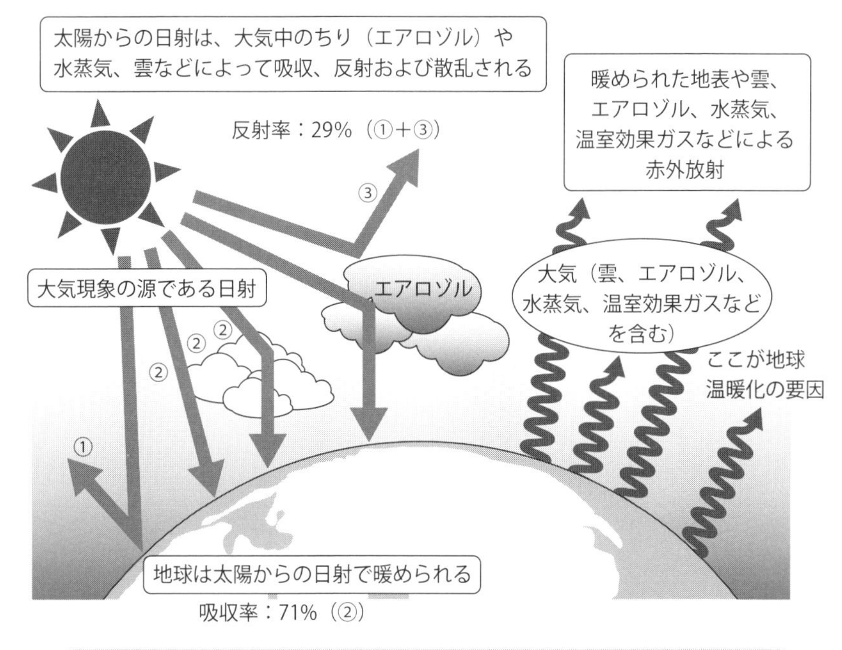

図2-1　太陽から地球が受け取るエネルギー収支と地球温暖化のイメージ[注釈2]

応じた赤外線（波長780nmから1mm程度）が空へ放射され、大気を暖める。この赤外線を大気で吸収する物質（CO_2、メタン、フロンガスなど）を温室効果ガス（GHG[注釈3]）という。

一方で、日射総量の23%で暖められた大気からも、その温度に応じた赤外線が放射され地表面や海面を暖める。このように地球では地表面や海面と大気間で日射を閉じ込め、宇宙へ日射が逃げる速度を遅くしている。もし地球が大気に覆われなければ、日射の閉じ込めが起きないため、地表面の温度は平均−18℃になると推計されている。

現在の地球の温度は、日射の出入りのバランス（エネルギー収支）によって支えられており、もし人為的に大気中のGHGの濃度を増やしてしまうと、エネルギー収支が崩れてしまい地球温暖化が進むことから、地球の気候に変化を引き起こす。また、この気候変化を引き起こす度合いを定量化したものを「放射強制力」という。

放射強制力（W/m^2）が正の値を示すと地球は温暖化になり、負になると地球は寒冷化になる。放射強制力を用いた評価を行うと、CO_2は放射強制力を正（地球温暖化）にする力が最も高いGHGであることが分かる（**図2-2**）。

また、地球温暖化はGHGだけが放射強制力の正負を決定しているだけではなく、他の要因も影響する。例えば気温が上昇すると、地表（海面）から

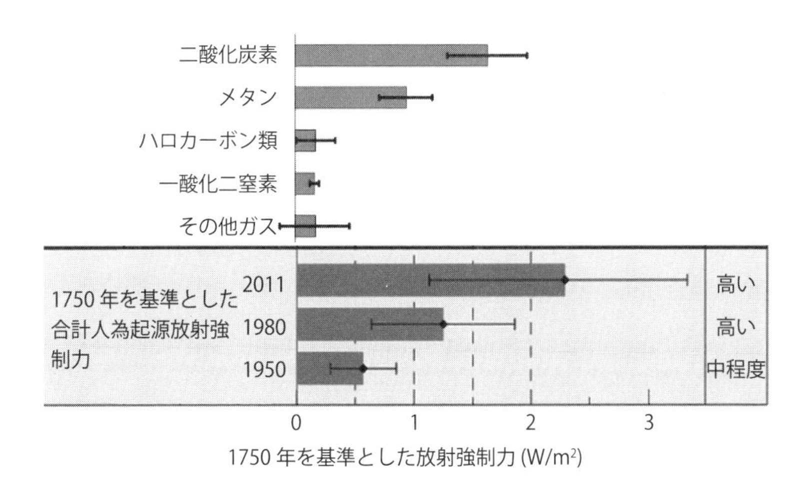

図2-2　産業革命以前の1750年を基準とした人為起源の放射強制力とガスの関係

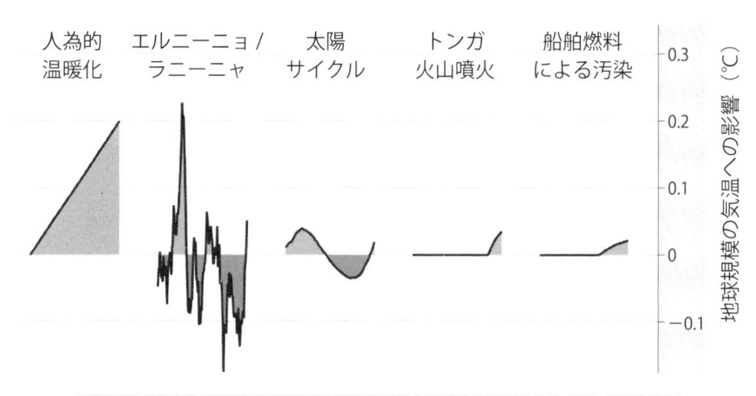

図2-3　過去10年間の世界の気温変化への要因別寄与レベル 注釈4

の水の蒸発を促し、大気中の水蒸気量が増加する。水蒸気は温室効果を持つことから、水蒸気の増加は温暖化に拍車をかける。一方で、大気中に水蒸気が多くなると雲が発生しやすくなる。雲は太陽光を反射するため、気温を下げる効果もある。気候は地形や緯度だけではなく、多くの因子が相互に影響し合う複雑系で（**図2-3**）、気候変動の予測をするには、科学的モデリングや観測の積み重ねが必要である。

ポイント

- ☑ **地球の温度は、太陽から受けるエネルギー（日射）と、地球から宇宙に向けて放射されるエネルギーの平衡状態で成り立っている。**
- ☑ **大気中で赤外線を吸収する物質を温室効果ガス（GHG）という。**
- ☑ **温暖化現象はGHGだけが原因ではない。**

注釈1　大気中のごく小さなちり

注釈2　https://www.data.jma.go.jp/env/radiation/know_adv_rad.htmlより改変

注釈3　世界銀行カーボンプライシングダッシュボードより作成
https://carbonpricingdashboard.worldbank.org

注釈4　NGOバークレーアースのレポートより作成
https://www.berkeleyearth.org/july-2023-temperature-update/

2-2 地球表面の炭素循環

地球表面において、炭素は大気～陸地～海洋を循環しており、大気中の炭素は760 PgC（ペタグラムカーボン注釈1）で、陸地にはその3倍、海洋にはその50倍の炭素が存在している注釈2。大気～陸地間では植物による光合成で、陸地～海洋間では河川を通した移動によって、大気～海洋間ではCO_2の分圧差によって、炭素の交換（炭素循環）が進んでいる。

ところが、産業革命以降（1750年～）は工業化の進展に伴い、陸地の炭素が人為的に大気へ放出されてきた。この人為的放出炭素の多くは、CO_2の形で放出されており、その85％が化石燃料の燃焼に由来することが知られている（**図2-4**）。

このようなCO_2量の増加の状況において、IPCCは化石燃料の燃焼およびセメント製造により排出されるCO_2と、農地拡大などによる土地利用変化（森林破壊など）により排出されるCO_2を「人為起源CO_2」と定義している。2010～2019年に排出された人為起源CO_2は年間平均で約40 Gt-CO_2注釈3にのぼり、そのうち約46％が大気中に留まっている（**図2-5**）。2012年3月にCO_2の大気中濃度が400 ppmを初めて突破した後も増加を続

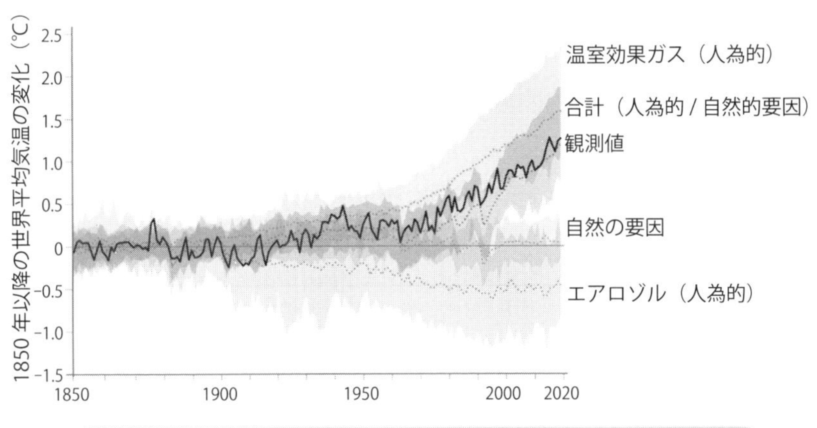

図2-4　化石燃料などからのCO_2排出量と大気中のCO_2濃度の変化注釈4

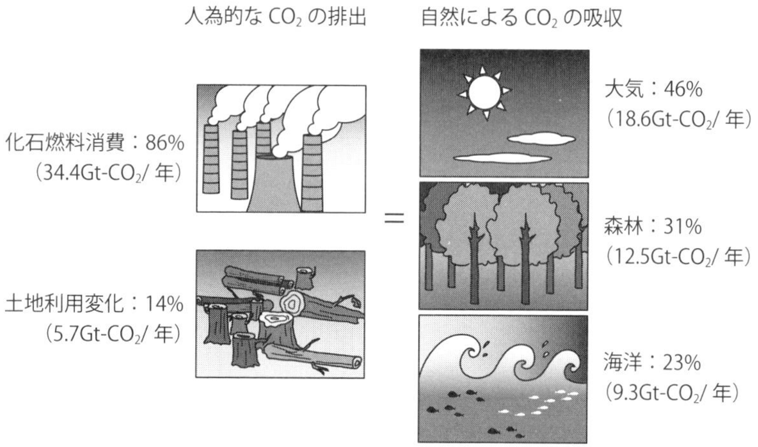

人為的なCO_2の排出　　自然によるCO_2の吸収

化石燃料消費：86%
（34.4Gt-CO_2/年）

土地利用変化：14%
（5.7Gt-CO_2/年）

＝

大気：46%
（18.6Gt-CO_2/年）

森林：31%
（12.5Gt-CO_2/年）

海洋：23%
（9.3Gt-CO_2/年）

図2-5　人為起源のCO_2排出と自然によるCO_2吸収の収支

け、2022年には417.9 ppmに達した。

大気中の二酸化炭素濃度の上昇に伴い、陸上では森林の光合成活動が活発になり、31%のCO_2を植物が蓄積している。同時に海洋が大気のCO_2の23%を吸収した。この吸収されたCO_2は、海表層で植物プランクトンの光合成などによって有機物へと炭素変換される。さらに、これら生物の死骸や排泄物が沈降や分解をし、海洋内部へと運ばれる（生物ポンプ）。産業革命以降、2010年代までにおよそ1,700億トン炭素が海洋中に蓄積していることが試算されている。

また、海洋の循環に伴い、CO_2の形でより深い海へと運ばれて固定化されるものもある。そのため、海洋は二酸化炭素を吸収し続けており、その結果として産業革命以前の海水のpHと比べて約0.1低下し、海洋酸性化が進行した。海洋のpH低下は気候変動に対して直接的に影響を及ぼさないが、貝類やサンゴなど海中のCa^{2+}イオンを固定化して、骨格を形成する生物の成長を阻害するなどの悪影響が懸念されている。

ポイント

- ☑ 地球表面で起きている炭素循環は、人為的化石燃料の燃料利用によって循環のバランスが崩れている。
- ☑ 化石燃料の燃焼、セメント製造、農地拡大により排出されるCO_2を人為起源二酸化炭素という。

注釈１　1 PgC＝炭素換算10^{15}g

注釈２　IPCC第６次評価報告書より（IPCCは気候変動に関する政府間パネルのことでIntergovernmental Panel on Climate Changeの略）

注釈３　Gt-CO_2：Gt＝1 x10^{9}トン

注釈４　https://www.data.jma.go.jp/cpdinfo/ipcc/ar6/IPCC_AR6_WGI_FAQs_JP.pdfより改変

2-3 気候危機と1.5℃目標

オックスフォード英語辞典を発行する英国のオックスフォード大学出版は、2019年を代表する言葉Word of the Yearとして、『Climate emergency（気候緊急事態）』を選定し、話題となった[注釈1]。この年の夏、フランス、ドイツ、スペインなどを中心に欧州では平均気温を10℃も上回る記録的な熱波に襲われた。パリ市内では最高気温42.6℃を記録するなど、記録的な猛暑により1,435人が死亡したとフランス保健予防省は発表している[注釈2]。「Climate emergency」がWord of the Yearに選ばれたのは、一般市民や消費者が実感として気候変動の脅威を体験したことが、その一因であったと思われる。

気候変動は、健康影響だけではなく、社会全体に様々な被害をもたらす。気温の上昇は大気中に含まれる水蒸気量の増加を招き、台風やハリケーンの大型化に繋がることが知られている。2019年10月には、日本でも台風19号（ハギビス）により東日本を中心に死者100名を超えるような大きな人的被害を引き起こした。同様にアジアや北中米地域でも台風やハリケーンによる被害が相次ぎ、この年の自然災害による損害額は2,320億ドルに上った[注釈3]。

気候変動によるこうした被害を緩和するため、2015年の第21回気候変動枠組み条約締約国会議（COP21）では、産業革命以前と比較して21世紀末における地球の平均気温の上昇幅を2℃以下とすることを目標としたパリ協定が合意された。さらに2021年のCOP26では、パリ協定では努力目標とした「1.5℃目標」を新たな国際目標とする「グラスゴー気候合意」が採択され、世界はさらなる脱炭素に向けて大きく舵を切ることとなった。

それでは具体的に「産業革命以前と比べて気温上昇を1.5℃以内とする」ためには、CO_2排出をどのぐらい減らさなければならないのか。IPCC第6次評価報告書では、産業革命以前と比較して気温上昇を1.5℃とするためには、2050年代には地球全体のCO_2排出量を実質ゼロとすることが必要になると示している（**図2-6**）。

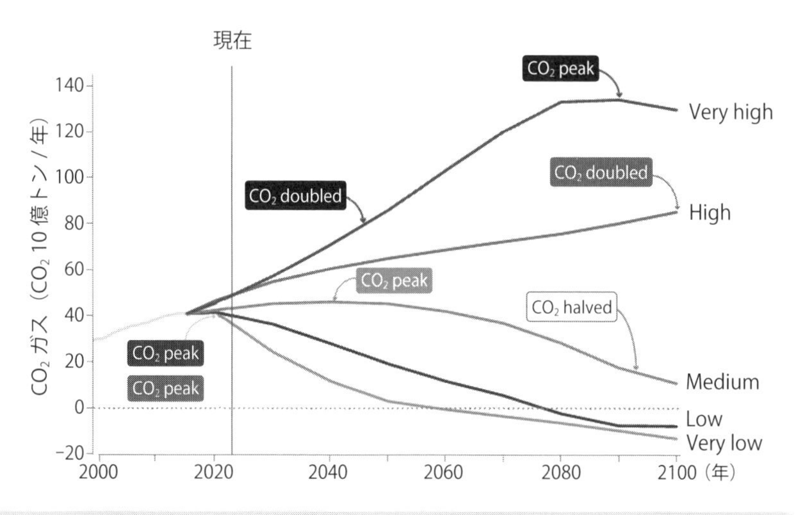

図2-6　1.5℃目標（Very low）を達成するためには2050年までにCO_2排出をゼロにしなければならない

実際には、鉄鋼生産や建築に使用されるコンクリートなど、社会機能の維持に必要なCO_2が一定程度排出され続けることから、そうした排出分については森林吸収やDAC（直接空気回収技術[注釈4]）などによる炭素除去とバランスをとることが計画されている。日本政府も、2030年のCO_2排出は2013年比で46％削減、2050年には実質ゼロとすることを目標としている。

一方でCO_2以外のGHGの排出も大きな課題である。食システムにともなう排出は、GHG全体の4分の1程度に上ると推計されている。特に森林や草地などから農地への土地転換によって、土壌中に蓄えられた大量の炭素が酸化され、CO_2として大気に放出される。また、稲作には土壌中の微生物の活動によって、温室効果のより大きいメタンが生じやすいなどの問題もある。脱炭素のために燃料や素材用途としてバイオマス農作物の生産拡大を目指す際には、こうした土地転換を最小限に抑え、また食糧生産との競合を起こさないような配慮が必要となる。

ポイント

☑ 産業革命以前と比較して気温上昇を1.5℃にするためには、2050年代に全世界のCO_2排出量をゼロとする。

☑ 日本政府は、2013年と比較して2030年のCO_2排出は46％削減し、2050年のCO_2排出は100％削減する目標がある。

注釈1 https://languages.oup.com/word-of-the-year/2019/

注釈2 https://sante.gouv.fr/archives/archives-presse/archives-communiques-de-presse/article/impact-sanitaire-modere-des-canicules-de-l-ete-2019-sur-les-chiffres-de-la

注釈3 https://www.aon.com/getmedia/f34ec133-3175-406c-9e0b-25cea768c5cf/20230125-weather-climate-catastrophe-insight.pdf

注釈4 Direct Air Capture

2-4 炭素税と排出権取引

CO_2を含めたGHGの排出を抑制するため、世界各国でカーボンプライシング制度の導入が進められている。カーボンプライシング制度には、炭素税と排出量取引制度（ETS[注釈1]）がある。炭素税はCO_2排出量に応じて税金を徴収する方式であり、排出量取引制度は企業が排出するCO_2量に上限（キャップ）を設け、排出量が上限量を上回る場合に市場から排出権を調達（トレード）することを求める制度である。

日本でも地球温暖化対策税として、1トンのCO_2排出当たり289円を徴収している。さらに東京都は独自のETS制度を導入し、1トン当たり600円程度で取引している。一方で欧州では1トン当たり1万円以上の炭素税を課す国もあり、国や地域によって炭素価格に大きな金額差がある（**図2-7**）。

一般的な化学企業が排出するCO_2の量は年間7万トン規模と言われているが、平均的な化学企業が日本で操業した場合の炭素税は約2,000万円を支払う。しかし、この企業がスイスで操業した場合の炭素税は約13億円もの金額になることから大きな足かせとなる。このため、炭素税の導入は国内から

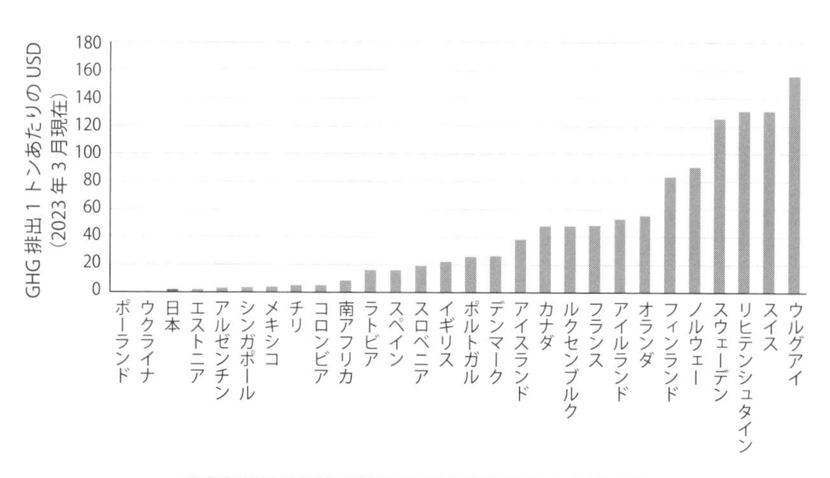

図2-7　世界の実効炭素価格（USD）の一覧[注釈2]

企業の生産拠点を海外に流出させてしまうという問題がある。

この問題を解決するため、EUは炭素国境調整メカニズム（CBAM[注釈3]）を導入することを2023年5月に採択した。CBAMは国境炭素税とも呼ばれ、炭素価格が低い国から製品を輸入する場合に、EUとの炭素価格の差に応じた課税を輸入業者に求めるもので、セメント、鉄鋼、アルミニウム、肥料、電気を対象としている（実際の課税開始は2026年1月の予定）。

こうしたカーボンプライシング制度には、企業活動や景気に悪影響を及ぼすという批判がある一方で、再生可能エネルギー導入などの脱炭素施策に積極的な企業のモチベーションを高めるとともに、脱炭素に関わるイノベーションを促すことで、市場全体のCO_2排出を低く誘導する効果が期待できる。

ポイント

- ☑ カーボンプライシング制度には炭素税と排出権取引制度（キャップ&トレード）がある。
- ☑ 炭素税を課す国や地域によって取引価格に大きな金額差がある。

注釈1 ETS（Emission Trading Scheme）

注釈2 世界銀行カーボンプライシングダッシュボードより作成
https://carbonpricingdashboard.worldbank.org

注釈3 Carbon Border Adjustment Mechanism

2-5 脱炭素設計と残される課題

パリ協定をきっかけとして、世界は脱炭素に向けて大きく動き出した。エネルギー分野だけではなく、素材、運輸、建設、通信など様々な分野で、脱炭素のイノベーションが起きており、インフラ整備、政策の整備、国際的な協力なども進められている。以下に各分野の内容を記す。

①エネルギー分野：再生可能エネルギーの普及やエネルギー効率の向上が進み、太陽光や風力発電などの再生可能エネルギーのシェアが増加している。同時に、電気車両や蓄電池技術の進歩もある。
②素材：低炭素な素材やリサイクル技術の開発が進んでいる。持続可能な農業や森林管理によって得られた素材の利用も増えている。
③運輸：電動車両の普及や公共交通機関の脱炭素化など、運輸分野でも多くの取り組みが行われている。航空機の電動化や水素燃料電池の利用なども研究が進んでいる。
④建設：グリーンビルディングの普及が進んでおり、省エネルギーな建築物や再生可能エネルギーの導入が一般的になっている。
⑤通信：デジタル技術を活用して遠隔ワークやデジタル会議の推進が進み、交通量削減や省エネ効果が期待されている。

ただし、脱炭素を設計する上で課題もある。

課題1

リサイクル適性の点で優等生であるはずの飲料ペットボトルではあるが、海洋プラスチック問題でこれほど悪者扱いされてしまう背景には、ポイ捨てしてしまう消費者のモラルと、途上国における廃棄物処理の整備状況がある。海洋プラスチック問題に限らず環境分野での問題解決には、技術や製品設計が優れているだけでは不十分で、社会システムの整備と、その技術と社会システムを生かすための消費者の行動変容が必要となる（**図2-8**）。

日本で1年間に排出されるCO_2は約10億トンに上るが、そのうち日常生

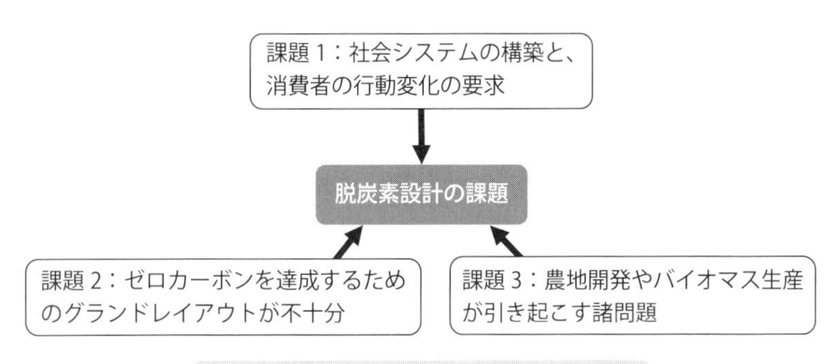

図2-8　脱炭素を設計するための3つの課題

活から排出される割合は約15%を占める。消費者の日常の買い物や生活を、環境負荷の小さなスタイルに無理なく変化させられるような技術やシステムが求められている。

課題2

低炭素技術からゼロカーボン[注釈2]技術への移行が課題である。例えば、6-2節で紹介するナフサクラッカーを利用したプラスチックのケミカルリサイクルは、優れた低炭素技術であるが、石油精製の化学プロセスを前提としているためゼロカーボンを達成することができない（図2-8）。脱炭素社会を実現するためには、2050年の時点でもGHG排出をゼロにできない産業セクターや領域を特定し、そこからの排出を森林などによる炭素固定とバランスを取ると共に、それ以外の領域については低炭素技術からゼロカーボン技術への移行を図る必要がある。企業や国を超えて社会や経済の在り方についてのグランドデザインが必要となるだろう。

課題3

現在世界で排出されているGHGのうち、4分の1程度が食システムに由来している。農地開発による土地改変、施肥によるN_2Oの排出、水田や家畜などからのメタンの排出が原因である。

さらに1.5℃目標の達成に向けて、今後ますます世界のバイオマスへの、つまり農業への依存度は高まり、食糧生産との競合、土地改変、土壌汚染、淡水資源の不足などの問題も深刻化すると予想される（図2-8）。気候変動の緩和と引き換えに発生する可能性のある様々な周辺の課題を、私たちは解決していかなければならない。

ポイント

- ☑ 脱炭素の設計には３つの課題がある。
- ☑ 低炭素技術からゼロカーボン技術への移行するために、企業や国を超えて社会や経済の在り方についてのグランドデザインが必要である。

注釈１ https://www.globalchange.gov より改変

注釈２ GHGの排出量を全体としてゼロにする

2-6 カーボンリサイクル

「カーボンリサイクル」は、CO_2を炭素資源と見なし再利用する取り組みを指す。2017年の日本のCO_2排出量は、世界全体のCO_2排出量の3.4%（1.14 Gt-CO_2/年）を占めており、中国、アメリカ、インド、ロシアに次ぐ第5位の排出国である。これはエネルギーの供給側が火力発電に頼っていることが理由であり、2017年度の日本の総発電電力量に占める化石燃料の割合は82%である。このような状況から日本では、CO_2の削減を急務とし、2019年のダボス会議でカーボンリサイクルの提案を行った。

カーボンリサイクルには、CO_2の回収後の処理に関する2つの方法がある。石炭や重油を燃焼して利用する火力発電所や、化学工場から発生する排ガスの成分のうち、CO_2を分離回収し、その後、地下にあるCO_2を通さない地層に貯留する方法をCCS（Carbon dioxide Capture and Storage）という。一方で、回収したCO_2を必要に応じて有効利用する方法をCCUS（Carbon dioxide Capture, Utilization and Storage）という（**図2-9**）。

環境省によると、約27万世帯分の電力供給が可能な石炭火力発電所（出力80万kW）から発生するCO_2にCCSを導入すると、年間約340万トンの

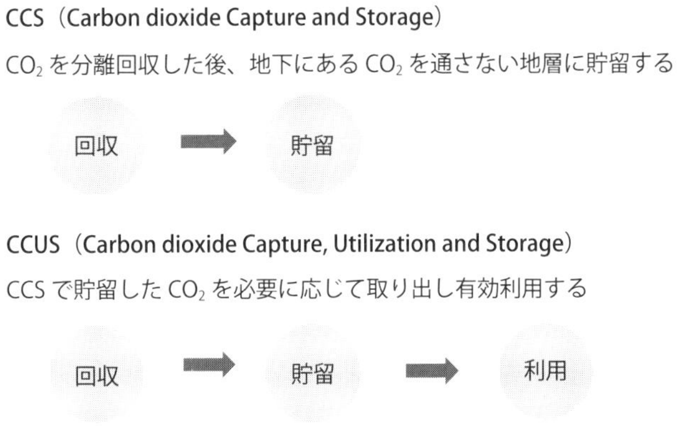

CCS（Carbon dioxide Capture and Storage）

CO_2を分離回収した後、地下にあるCO_2を通さない地層に貯留する

回収 → 貯留

CCUS（Carbon dioxide Capture, Utilization and Storage）

CCSで貯留したCO_2を必要に応じて取り出し有効利用する

回収 → 貯留 → 利用

図2-9　カーボンリサイクルのCCSとCCUSの違いのイメージ

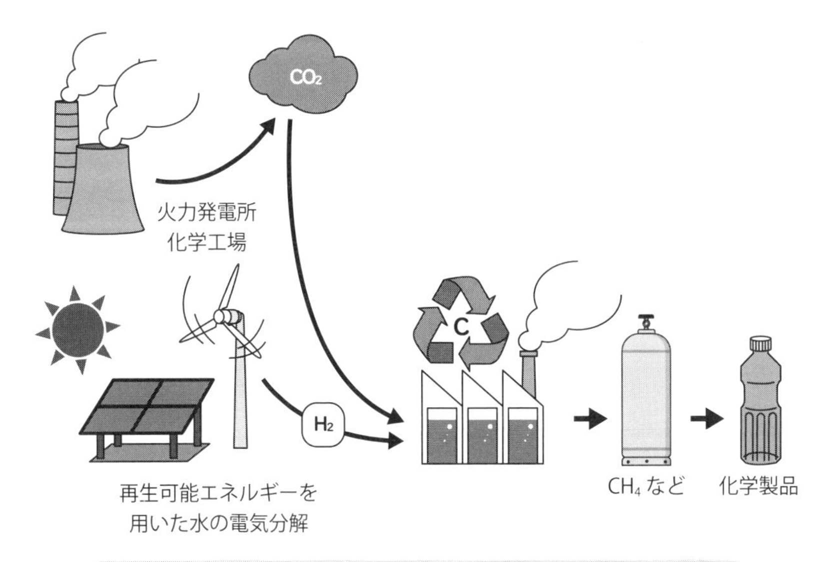

図2-10　CCUSによる回収したCO_2とH_2から化成品を作るイメージ

CO_2をカーボンリサイクルできるという試算がある。また、IEA（国際エネルギー機関[注釈1]）はCCUSによるCO_2削減量を、2030年までに全世界で年間16億トン、2050年には年間76億トンにまで削減できることが期待されている。

CCUSが実現できれば、CO_2から化成品[注釈2]を製造することが可能となるため、化石資源を原料とする場合と比べ、CO_2排出を大きく削減できる。さらに、炭素源にバイオマス由来のCO_2や大気から収集したCO_2を用いる場合には、カーボンニュートラルなプロセスを実現できる。現在の研究では火力発電所や化学工場などから出る排ガス中のCO_2と再生可能エネルギーを使用して水の電気分解によって生成させたH_2を反応させ、メタン（CH_4）を生産するCCUS化学プロセスの検証が行われている（**図2-10**）。

このようなプロセスにより、炭素の循環利用が可能となるが、一方でいったん素材となった炭素が、その後に焼却されると、結局はCO_2として大気に放出されてしまうといった課題や、その場合のCO_2排出の責任をリサイクル前の製品（燃料や電力）と、リサイクル後の素材のどちらが負うべきかといった問題が残されており、さらなる技術革新とルール形成が求められている。

ポイント

- ☑ カーボンリサイクルではCO_2を炭素資源と捉えて、CO_2を再利用する。
- ☑ CCUSでは回収したCO_2とH_2を用いてメタンの生産に成功している。

注釈1 International Energy Agency

注釈2 工業原料として用いられる化学的な組成、性質を特徴とする商品

グリーンケミストリーへの契機

3-1 有機化学工業の幕開け

1675年にニコラス・レメリー（フランス）によって出版された「Cours de chymie」は、化学を学問体系にまとめた最古の本の一つと言われており、その内容は化合物の酸塩基を体系化したものである。当時は現代の教科書のように無機物や有機物といった分類や考え方もなかった。

無機物や有機物といった分類は、1807年にイェンス・ヤコブ・ベルセリウス（スウェーデン）が初めて提案したとされている。さらに、1831年になって「Organic chemistry（生物に特徴的な組織化された構造を持つ）」という言葉が初めて使われ、その31年後に「Inorganic chemistry（生物に特徴的な組織化された構造を持たない）」という言葉が初めて使われた。

その分類からも分かる通り、生物由来かそうでないかの分け方であることから、有機物は無機物のように加熱や酸を使った実験が行われなかったと言われている。むしろ、有機物は自然から受ける恩恵を解釈し、利用することが主眼であり、これを加工（合成）して、化学的機能を人工的につけようという考え方は当時存在していなかった。

例えば、ギリシャ時代には、ヤナギの樹皮を鎮痛薬や解熱薬として利用してきたが、この効能を向上させるための化学処理は行われていない。日本でも江戸時代には房楊枝（現代の歯ブラシ）の材料としてヤナギが使われており、鎮痛薬や解熱薬の効果も期待されたが、化学的機能の追加はされていない。このような考えの基盤には「生命体が作りだす物質には特別な力が宿されている」という「生気説」があり、人が生気説を変えることはできないという固定概念を抱いていたからである。

それでは、人類が「有機化合物は天然が与えるもの」という枠を超えて、人工的に有機物を作ることができるようになったのはいつからであろうか。

この固定概念を打ち破る決定的なきっかけとなったのは、フリードリヒ・ヴェーラー（ドイツ）が報告した尿素の合成と言われている。ヴェーラーはシアン酸アンモニウムを合成する目的で、シアン酸塩とアンモニウム化合物を水溶液中で加熱したところ、シアン酸アンモニウムではなく尿素が生成することを発見し、1828年に報告をした。

これ以前にも、有機合成を偶然行なった例はあったと思われるが、「生気説」を覆して人為的に有機化合物を合成したと報告したのはヴェーラーが初めてである。この時、ウェーラーは彼の師であるベルセリウスに『私は尿素を作ることができます：それは腎臓や、例えば人間や犬のような動物さえも全く必要としません』と手紙を送っている。

その後、18世紀から19世紀にかけて、有機分子に対する分子構造の理論的な研究が積極的に行われた。フリードリヒ・アウグスト・ケクレ（ドイツ）は炭素原子の原子価が4であることや、炭素原子同士が結合して鎖状化合物を作ることを提唱し、さらにはベンゼンの構造式が二重結合と単結合が交互に並んで六員環を構成するケクレ構造（亀の甲）を1865年に提唱した。ケクレはこの偉業に対して『Lernen wir Traeumen, dann finden wir vielleicht die Wharheit.（私たちは、夢をみることを学ぼう、そうすればひょっとしたら、真理が発見できるかもしれません）』と述べている。ケクレの成果によって、人類は有機化合物を原子レベルでイメージできる強力なツールを手に入れることができた。

1900年代初頭になると、分子構造を基本とした合理的化学合成が可能となり、ギルバート・ルイス（アメリカ）やロバート・ロビンソン（イギリス）が提唱した『化学反応の本質は電子の動き』という考え方が広まったことで、単に原料を混ぜて加熱する時代から、分子をデザインしながら合成できる時代に移行した。

このような有機化学の急速な発展は、化学産業が始まる兆しを示したが、それには化学合成のための原料獲得が新たな課題となった。この時期になると、産業で使用されているエネルギー源が植物バイオマスから、石炭に切り替わっていた。特にイギリスでは、鉄の精錬に必要なエネルギーとして使用する木材が少なかったため、豊富に埋蔵されていた石炭を使用することになった。石炭成分の中でもコークスを分離してエネルギー源として使用していたが、コールタール成分には、ナフタリン、フェノール、アニリン、ベンゼンなどが含まれていることが分かり、これらを分離することで、香料、医薬品、染料などの貴重な天然有機物の分子構造を模倣した化合物を人為的に合成する研究が行われた。

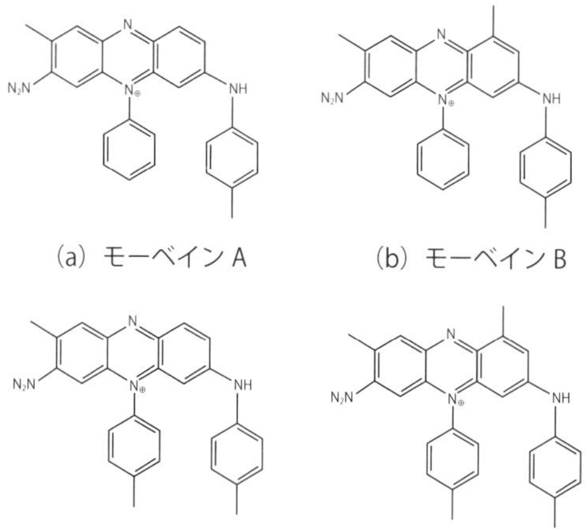

(a) モーベイン A　(b) モーベイン B

(c) モーベイン B2　(d) モーベイン C

(a) モーベイン A および (b) モーベイン B は 1994 年になって化学構造が同定され、(c) モーベイン B2 および (d) モーベイン C は 2007 年になって化学構造が同定された。

図3-1　モーブ色素類の化学構造

ウィリアム・パーキン（イギリス）も、そうした研究を行った一人である。彼は1856年にマラリヤの特効薬キニーネを、コールタール成分を用いて合成しようと試みた。残念ながらその試みは失敗に終わったが、アニリンの酸化物を重クロム酸カリウムと混ぜてできた固体をアルコールに溶かすと紫色の溶液が得られ、白い絹を漬けると美しい紫色に染まることを発見した。

実はパーキンの発見以前から染料を合成した報告はある。例えばフリードリープ・フェルディナント・ルンゲは1834年にコールタールからアニリン染料を得ている。また、パーキンの師であるアウグスト・ヴィルヘルム・フォン・ホフマンもアニリン由来の染料の合成に成功している。それではパーキンの功績は何であろうか。

パーキンはロバート・プラー（イギリス）の助言もあり、ロンドン近郊に工場を建設し、安価な石炭から有機合成により高価な色素を大量生産する事業を始めた。すなわちパーキンの功績は有機化学工業を確立した化学者とし

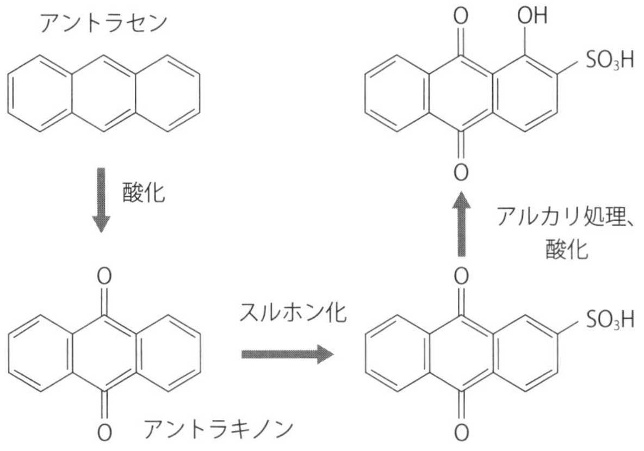

図3-2　失敗から成功に導かれたアントラキノンのスルホン化を経由したアリザリン染料の合成

て、化学物質を人為的に大量生産する時代の幕開けに導いたということになる。まさにパーキンは今日の有機化学工業の父と言える。

また、パーキンが合成した「モーブ染料（アニリンパープル）」を用いて染色した衣装を、1862年のロンドン万国博でヴィクトリア女王がまとったことで、合成染料が世界中に宣伝された。この出来事によって、人工的に合成された化学物質であっても、天然物と同じく価値があることを一般市民にも認知させる一助となった。一方で、有機化学工業による人工色素の合成の発展は、植物や貝殻から抽出する天然染料産業を著しく衰退させる結果を招いた。

パーキンの成功は、さらなる有機化学工業の大規模生産型化学プロセスの確立を目指す研究者にモチベーションを与えた。例えば、1868年にBASF社のカール・グレーベとカール・リーバーマン（ドイツ）は、アントラセンを出発物質として、アリザリン染料（茜色）の大規模生産型の化学プロセスを検討していた。この試みは、中間体であるアントラキノンの臭素化を経由し、アルカリ処理によってアリザリン染料の合成を行う計画であった。しかし、実験室でこれが可能であっても、商業的に大量生産するには、高価な臭素を使うことや、臭素による反応容器の制限もあり、大規模生産型化学プロセスを開発する必要があった。この問題を解決するためにアントラキノンを硫酸と反応させ、スルホン化を経由する試みを行ったが上手くいかず、さらに実験中に疲労のためサンプルを過加熱してしまう操作ミスが発生した。ただ、この過加熱したサンプルからスルホン化アントラキノンが合成できていることが判明し、この偶然の失敗からアリザリン染料の量産化プロセスが確立した。このようなくり返し実験の末に得られた成功例が増えてくるにつれ、石炭が大規模生産型化学プロセスの原料として、その地位を確立した。

一方でアメリカでは、高分子化学（プラスチック）工業が始まっていた。ジョン・ウェズリー・ハイアット（アメリカ）は、象牙で作られていたビリヤードの球の材料を代用するために、1870年に固体で安定したニトロセルロース類を商業的に製造することに成功した。また、樟脳（しょうのう）を添加剤として加えたニトロセルロースはセルロイドと呼ばれ、これは世界最初の熱可塑性合成樹脂としても知られている。その後、1938年にはナイロンの工業化をデュポン社（アメリカ）が、1939年に酸素を開始剤とする高圧法ポリエチレンの工業化をICI社（イギリス）が行い、世界中で高分子材料の生産が行われるようになった。

ポイント

- ☑ フリードリヒ・ヴェーラーは「生気説」を覆して、人の手で初めて有機化合物を合成した。
- ☑ ウィリアム・パーキンは安価な石炭から、高価な色素を大量生産する有機化学工業を確立した。

3-2 石油化学から天然資源化学

1800年代から続いてきた石炭由来の芳香族化合物やアセチレンを原料とする合成化学工業による大規模生産型化学プロセスは、1940年頃から大きな変革期を迎えた。1940年頃から中東で大規模な油田開発が進み、石油供給量の増加とともに、合成化学工業でも石油を原料とすることに注目が集まった。その理由の一つに、液体である石油には移動や貯蔵に優れるという特徴がある。さらに、石油原料に合わせた触媒の開発も積極的に行われ、石油化学の発展を加速させた。

触媒開発の例として、1953年にカール・チーグラー（ドイツ）が開発

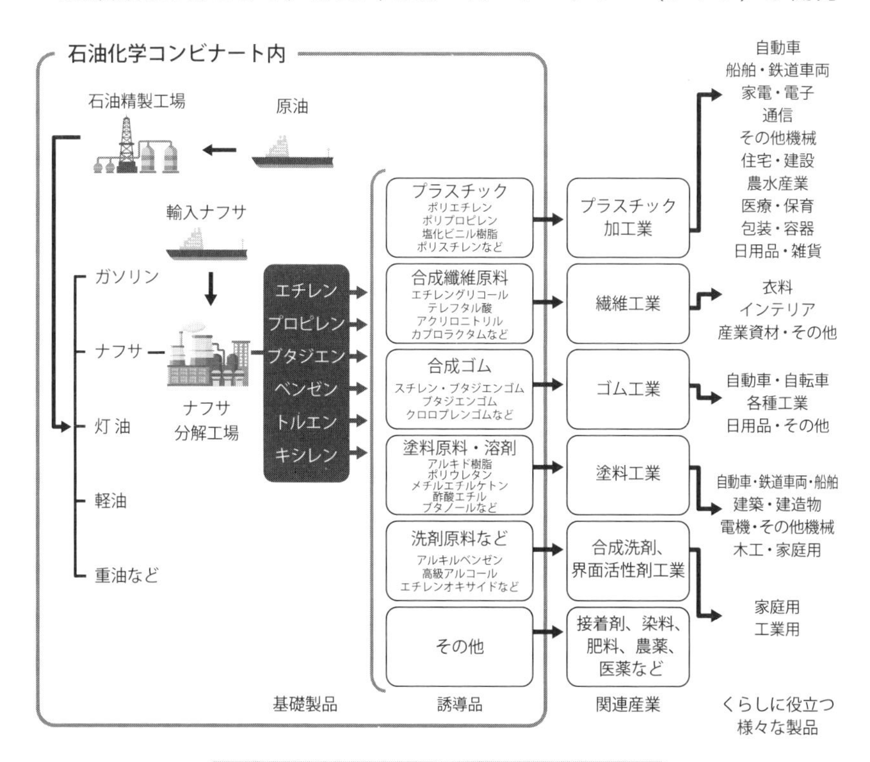

図3-3 原油から石油化学製品ができるまで 注釈1

し、ジュリオ・ナッタ（イタリア）が発展させたオレフィン重合触媒（チーグラー・ナッタ触媒）は、2,000気圧もの高圧条件でしか合成できなかったポリエチレンやポリプロピレンを、10気圧程度の低圧条件でも安定的に合成することを可能にした。この触媒の登場によって、ポリエチレンやポリプロピレンといった誘導品の大規模工業化を実現し、これをきっかけに合成化学工業の炭素原料が石炭から石油へと移行した（触媒については5-5節）。

石油の組成は主に炭化水素で、これら成分の炭素数の違いによる沸点差を利用した蒸留精製を用いて、天然ガス、ナフサ、軽油、重油に分けることができる。その中でもC5～C12成分のナフサは熱分解装置（クラッカー）によって、エチレンやプロピレンといったオレフィン類、ベンゼン、トルエンなど芳香族化合物にすることができ、これらは化成品の基礎製品（基礎原料）になる。

しかし、1900年代中盤から始まった石油化学は、石油資源の「枯渇」の懸念から「大変革」を求められている。すなわち、「石炭化学」から受け継がれた「石油化学」は、今後、石油、天然ガス、石炭に加えてバイオマスなどの幅広い天然資源を統合的に利用する「天然資源化学」に移り変わらなくてはならない。

また、石油化学が抱える課題は、枯渇資源だけではなく、化成品廃棄後の焼却によるCO_2発生もある。このような状況を改善するため、バイオマス原料の割合を増やすことや（5-2節）、3Rの取り組み、さらに資源投入量や消費量を抑え、在庫を有効活用しながら、サービス化を通じて付加価値を生み出すサーキュラーエコノミー（循環経済）を実践することが求められる（8-1節）。

ポイント

- ☑ **炭素原料は石油、天然ガス、石炭、バイオマスなどの幅広い天然資源を統合的に利用する天然資源化学に移り変わっている。**

注釈1　https://www.jpca.or.jp/studies/junior/howto.html

3-3 化学物質が引き起こした問題

人類は様々な化学物質の合成手法を開発し、自然界には存在しない新機能を持った材料を作ることで生活を豊かにした。例えば化学農薬や化学肥料の開発は、食糧生産量の飛躍的な向上に貢献し、また抗生物質など医薬品の開発は人類の長寿命化に大きく寄与した。また、輸送、通信、衣料、住居などの、直接的には化学物質に関連していない分野においても、製品は化成品からできており、機能的な化学物質の開発が人類文明の飛躍を支えてきた。

しかし、このような豊かな物質社会が築かれた20世紀は、石油資源を基礎とした大量生産、大量消費、大量廃棄という「産業消費システム」による経済の発展に基づいている。また、最近になって化学物質が生態系、環境、人々の健康に非可逆的な影響を与えることが理解されるようになってきた。化学物質の特徴は、利便性に気づきやすい一方で、問題に気づくまでには時間を要することが多く、気がつかないうちに後世の人々にその豊かさの代償を押し付ける結果となっているかもしれない。

2014年にマイクロソフトの創業者、ビル・ゲイツ（アメリカ）は自身のブログで「地球上で最も人間の命を奪っている生物」を「蚊」であると指摘している。蚊は感染症の病原体（ウィルスや原虫）の媒介者となることが知られており、現在でも年間約70万人の生命を奪っているとされる。

この蚊の殺虫剤として開発された化学物質がDDT[注釈1]である。もともとDDTは、オトマール・ツァイドラー（オーストリア）によって1873年に合成されたが、当時は殺虫作用には着目されなかった。その後、第二次世界大戦中（1939年）に、J・R・ガイギーAG社のパウル・ヘルマン・ミュラー（スイス）が、DDTの優れた「殺虫効果」に気づき、これを市販化した。

当時の殺虫剤は「経口摂取」によって作用したが、DDTは昆虫が触れただけで「接触毒」として作用し、さらに安価で、高等生物への急性毒性が弱いことから、販売開始後30年で300万トン以上が世界中で散布された（地球表面を覆う量）。このような大量散布により、例えばスリランカでは、1948年から1962年までの14年間でDDTを定期散布したことにより、マ

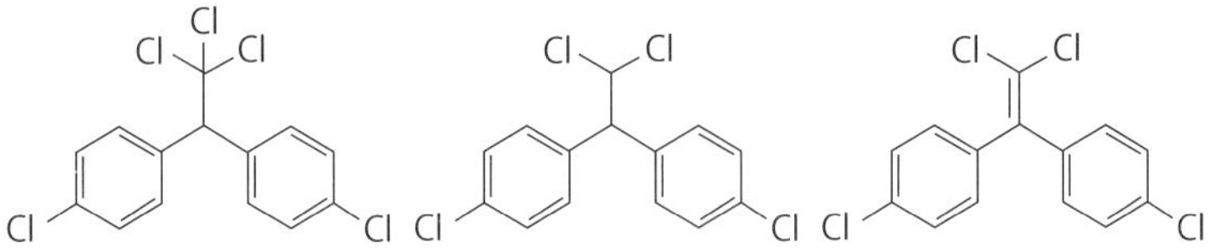

図3-4　DDT、DDD、DDEの構造

ラリア患者数が年間250万人から31人にまで激減した。

ところが、化学物質の危険性を取り上げたレイチェル・カーソンの著書「沈黙の春」（1962年）の発表で、DDTの立場は一転することになり、地球の生態系に深刻な悪影響を及ぼす汚染物質の筆頭となった。この本では『化学物質を何の規制もなく使い続ければ地球の汚染が進み、春が来ても小鳥は鳴かず、世界は沈黙に包まれる』といった化学物質の恐怖を大衆に訴え、化学物質に対する社会的関心を高めた。

カーソンは著書の中で、カリフォルニア州のクリア湖で大量発生したブユの駆除用に散布した「ジクロロジフェニルジクロロエタン（DDD[注釈2]）」が、カイツブリ（水鳥）の体内で生物濃縮により環境中の17万8,500倍の濃度になり、大量死した例を挙げている。

その後、DDTの有害性に関する研究が進む中で、DDTが生物体内でDDE[注釈3]やDDDに代謝し、これらは食物連鎖により高等生物ほど体内蓄積濃度が高くなることも分かった。その後、1980年代には各国で使用禁止され、さらに2004年に発効されたストックホルム条約（POPs条約）によってDDTの製造および使用が世界中で制限された。

しかし、南アフリカでは、マラリアを媒介する蚊の防除を目的としたDDTの使用を1996年にやめ、ピレスロイド系殺虫剤に置き換えた結果、その後わずか4年間のうちにマラリア患者数は800%増加し、死者数も10倍に増加した。

化学物質の毒性や環境中での残留性、体内蓄積性などを考慮に入れた適切な利用ないし制限は、汚染のない社会の構築にとって重要である。しかし、制限した場合にトレードオフとして起こり得るリスクを考慮に入れることの重要性を、DDT規制は教訓として残すこととなった。

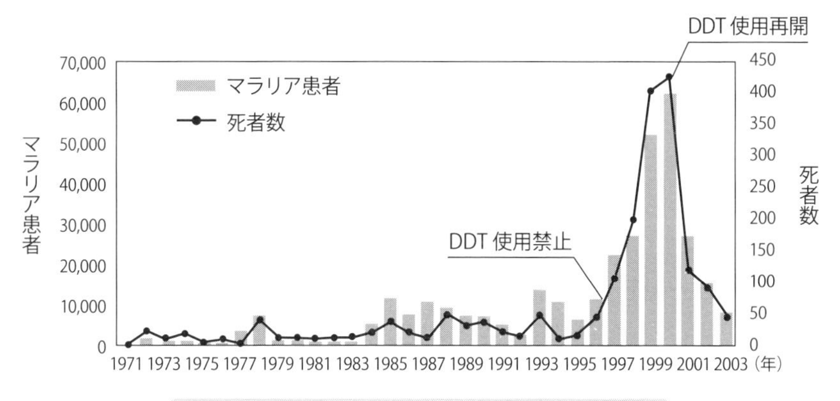

図3-5　南アフリカのマラリア患者数と死者数の推移

日本でも、1950年代後半から1970年代にかけて化学物質が健康被害を引き起こした事件が報告されている。例えば高度成長期の時代には『経済成長が最優先で人命は二の次』という風潮があった。その中で工場廃液中の有機水銀による水俣病、工場排ガスの亜硫酸ガスによる四日市ぜんそく、カドミウムの水質汚染によるイタイイタイ病といった、いわゆる四大公害病が発生した。しかし、化学物質による住民へ大きな被害の発生はこれ以外も多くあり、「薄めれば汚染はしない」といった根拠のない考え方が、悲惨な問題を引き起こしてしまった。

このような誤った認識は、長期間にわたって化学物質に暴露されて発現する「慢性毒性」や、化学物質が生態系の食物連鎖を経て生物体内に濃縮される「生体濃縮」の存在が科学的に理解されるまで続いた。これらの教訓から、日本では自然界に放出する化学物質の量を厳しく規制する大気汚染防止法（1968年）や水質汚濁防止法（1971年）、化学物質による健康障害や生態系への影響を防止する化学物質の審査や製造確認、輸入化学物質に対する審査や製造などの規制に関する法律（化審法、1974年）などが施行され、人類と化学物質がどのように付き合っていくかについての「ルール」が作られた。

しかし、現代においてはこれらのルールの発展がさらに必要とされている。多くのルールは特定純物質の環境や人体への影響を最大許容濃度に対して基準化したもので、実際にはより複雑に様々な因子が相互作用しながら環境や人体に影響を与えている。また、環境や生態変化に伴い安全な既知物質が、急変して悪影響を与えることもある。

したがって、エンドオブパイプの解決策に基づいた対応ではなく、化学物質の生産時から多面的な安全やリスクの検討を行う必要がある（4–1節）。どのような化学物質であっても無害化（分解、中和、洗浄、焼却）してから環境中に放出することを前提に、人の健康や環境に悪影響を及ぼさないような物質生産が求められる。化学物質との付き合い方には、多面的な角度から評価をしたルールが必要なのである。

一方で、今日では化学物質に対する規制や法整備が世界中で進んでいるにもかかわらず、人災による悲惨な事故が後を絶たない。例えば1984年12月にインドで発生したボパール化学工場事故では、約40トンのイソシアン酸メチルが住宅街に流出し、1万4,410人の死亡者と35万人もの被災者を出した。この工場設備では3種類の安全装置が設置されていたが、いずれも停止中で全く機能しなかった。さらに安全投資、安全教育、安全訓練などを放棄していた事実も分かった。

いくらルールを作っても、これを管理する人の教育がされていなければルールは機能しない。合成化学工業では「事故は必ず起きる」ことを念頭に置き、その従事者の教育や、ひいては人類全体の化学物質に対する知識向上を目指さなければならない。様々な産業の中でも、化学産業の事故は地域住民や広域の自然環境まで破壊してしまうことを再認識しなければならない。こういった、一連の概念が「グリーンケミストリー」を生み出すきっかけとなっている。

ポイント

- ☑ 有機化学工業は、人類の生活水準の向上に寄与してきたが、一方で公害や薬害などの社会問題も引き起こした。
- ☑ 化学産業の事故は地域住民や広域の自然環境まで悪影響を与えてしまう。

注釈1　Dichloro-Diphenyl-Trichloroethane

注釈2　Dichloro-Diphenyl-Dichloroethane

注釈3　Dichloro-Diphenyl-Ethylene

グリーンケミストリーとは

4-1 グリーンケミストリーへの接続

化学産業は20世紀に入り、著しい発展を成し遂げ、化学物質の多様化や利便性の向上に伴い「経済成長」を達成させた（**図4-1**）。特に、欧米における急速な化学工業技術の発達は、その波及を世界規模に広げ、その結果として化学製品に分類される多種多様な製品群が生まれた。

しかし製品群の多様化は、健康被害から地球規模の環境汚染まで、広範囲に負の影響をもたらす可能性があることも分かった。また、1960年代以降に制定された化学物質との付き合い方のルール（3-3節）の限界も明らかになり、新しい概念やアプローチが求められてきた。

従来の化学プロセスは、製造出口で廃棄物や排ガスを処理する「エンドオブパイプ技術」であった。しかし、環境への影響を最小限に抑えるためには、製造の段階や「入り口」で物質やプロセスを選択し、汚染の発生を防ぐアプローチが必要であるとの認識が生まれた。このような考え方の変化が、環境調和型の有機化学工業への移行を促した。その後、1987年のブルントラント委員会、1992年のリオ宣言を経て「持続可能な開発」が化学産業における重要なキーワードとなり、日本をはじめとする先進各国は地球環境と調和する開発に向けて様々な取り組みを始めた。これにより、挑戦型の有機化学工業から、環境調和型の有機化学工業へのシフトが進んだ。

このような社会的状況において、経済協力開発機構（OECD[注釈1]）は、1980年代に汚染防止のための化学プロセスの変革を話し合う国際会議を開催した。このような世界的な変化に応じて、EPA（アメリカ環境保護庁[注釈2]）でも、1988年にOPPT（公害防止局[注釈3]）を開設し、積極的な取り組みが始まった。

さらに、1990年には環境防止法がアメリカで可決され、これと同時に全米環境教育法[注釈4]が始まり、産学官に対する化学物質に対する積極的な環境教育が始まった。特に若い世代にとって環境教育は、将来的なリーダーシップや環境問題への取り組みにおいて重要な要素となる。若い世代が環境への理解を深め、持続可能な社会の実現に向けた行動力を身につけることは、長

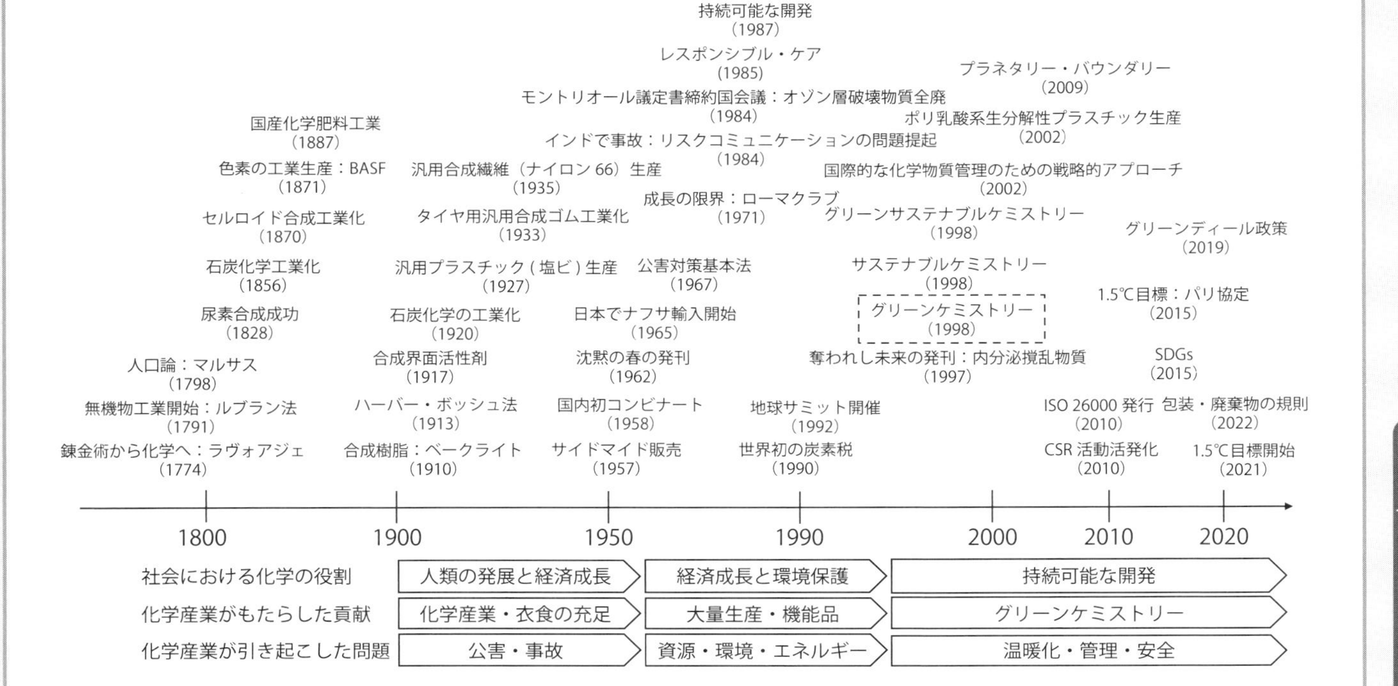

図4-1 社会における化学の役割と化学産業の貢献や問題に対する変化

期的な環境保護の計画に貢献する。環境教育を通じて、将来の専門家や意識ある市民を育成することが期待されている。

このような流れの中で、OPPTは『グリーンケミストリー（GC)』というキャッチフレーズが作られ、人々の注目を集めることで環境教育の広がりを後押しした。まさに『グリーンケミストリー』という言葉ができた瞬間である。

また2017年にはISC3（国際持続可能な化学協力センター注釈5）がサステナブル・ケミストリー（持続可能な化学注釈6）に関する組織を発足した。ISC3は、化学セクターの持続可能な化学への変革を目的とし、環境の保全とサーキュラーエコノミーの確立に貢献する組織として活動している。一方で日本では、1999年に公益社団法人新化学技術推進協会（JACI）が「環境負荷低減」と「持続可能社会」を合わせた意味を込めて「グリーン・サステナブル ケミストリー（GSC注釈7)）」を発足させている。

ポイント

- ☑ 環境調和型の有機化学工業を目指すべく、様々な試みが行われた結果、グリーンケミストリー（GC）が提案された。
- ☑ ISC3は環境の保全とサーキュラーエコノミーの確立に貢献するサステナブル・ケミストリー（SC）を発足させた。
- ☑ 日本では環境負荷低減と持続可能社会を合わせたグリーン・サステナブル ケミストリー（GSC）を発足させた。

注釈1 Organization for Economic Co-operation and Development

注釈2 Environmental Protection Agency

注釈3 Office of Pollution Prevention and Toxics

注釈4 National Environmental Education Act 1990

注釈5 International Sustainable Chemistry Collaborative Center

注釈6 Sustainable chemistry

注釈7 Green and Sustainable Chemistry

4-2 グリーンケミストリーの誕生

『グリーンケミストリー』というキャッチフレーズが具体的な概念となったのは、1998年にEPA職員であったポール・アナスタスとジョン・ワーナーによる著書「グリーンケミストリー：理論と実践」による。この教科書では、GCを「化学製品の設計、製造、応用における有害物質の使用、発生を低減または排除する一連の原理の活用」と定義し、GCを必要とする背景を「量的要因」と「質的要因」の2つの要因で定義し、これを実行するための目的を3項目から明示している。

GCを必要とする背景

①量的要因：資源、エネルギー、環境の制約により、大量生産や大量消費型の物質文明をこのまま量的に拡大し続けることが極めて難しくなっている。

②質的要因：化学物質のリスクの大幅な低減と適切な管理が緊急の課題となっている。

GCを実行するための目的

(a) 環境負荷を質や量ともに大幅に低減する。

(b) 環境対策という消極的な視点ではなく、環境負荷の低減が経済性の向上に繋がる道を積極的に探す。そのために、機能の向上や環境負荷の低減は好ましい選択肢の1つである。

(c) 化学と社会の間に良好な信頼関係を築く。専門家側からの積極的な情報公開や発信により、市民と専門家が常識を共有し、その常識に基づいて適切なリスク評価とリスクマネジメントができるようにする。

さらに、持続可能な有機化学工業のあり方を目指すための行動指針として「グリーンケミストリーの12原則（GC12原則）」がまとめられた。

第1条　廃棄物は「出してから処理」ではなく「出さない」

化学物質を取り扱うための廃棄物に対する予防策と言える。廃棄物の発生は経済、環境、エネルギー、事故に対して問題となることが多い。そのため、エンドオブパイプの概念をやめ、廃棄物を出さない化学プロセスを設計することを目指す。

第2条　原料をなるべく無駄にしない合成をする

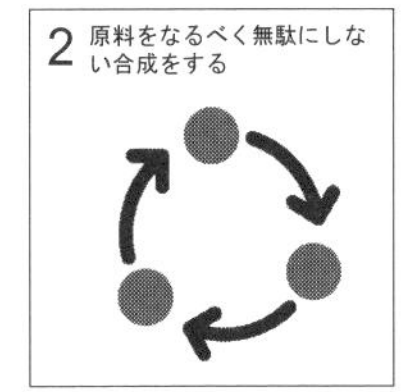

製品に行き着くまで化学物質を無駄なく活用できる化学プロセスを設計する。すなわち原料を構成する原子が全て最終製品産物に残るようにプロセスを設計する。この評価法は、原子の利用効率（Eファクター：4–3節やアトムエコノミー：4–4節）を利用して計算する。

第3条　人体と環境に害の少ない反応物や生成物にする

人体と環境へ問題を起こさないプロセス設計を行う。毒性や環境破壊に繋がるような物質、手法、生成物は使わず、また作らない。

第4条　機能が同じなら、毒性のなるべく少ない物質を使う

化学物質は例外なく摂取量によって毒性が決まり悪影響を及ぼす（7–1節）。このため、毒性の低い化学物質を使い、安全性を確保する。一方で、この目標を達成するために、化学製品の機能や効用を損なってはならない。

第5条　補助物質はなるべく減らし、使うとしても無害なものを使う

原子の利用効率の観点から、溶媒や分離剤などの補助物質は使わないことを推奨し、どうしても使う場合は環境や人体に負荷の低いものや、リサイクルをして繰り返し使える物質や化学プロセスを選択する。

第6条　省エネルギーを心がける

化学プロセスに使用するエネルギーの消費を、環境への影響や経済性を考慮して最小限にする。穏やかな反応条件の化学プロセスを設計し、エネルギー効率を向上させる。また、分離精製などにおけるエネルギー消費を最小限に抑える。

第7条　原料は枯渇資源ではなく再生可能な資源から得る

製品の品質の低下や経済的負担をかけることなく、原料物質を再生可能資源にし、これによって環境負荷が増すことがないように注意する。

第8条　途中の修飾反応はできるだけ避ける

化学プロセスの中で、反応の効率化を向上させるための官能基の修飾（官能基を別の形に変換して保護し、その後で元に戻す）は、余分な薬品の消費と廃棄物の増加に繋がるため、原子の利用効率の観点から避ける。

第9条　触媒反応を目指す

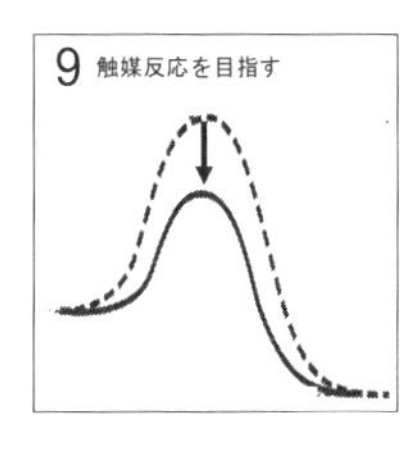

触媒を積極的に用いることで反応条件の緩和化、選択性の向上、反応速度の向上を目指し、廃棄物量や消費エネルギーの低下を目指す。また、穏やかな反応条件にすることで事故のリスクも減らす。

第10条　使用後に環境中で分解する製品を目指す

化学製品は、使用後に無害な物質に分解され、残留しないように設計する。また、ここには廃棄物となった化学製品の回収方法や環境に負荷のない処理方法も含まれる。

第11条　プロセス計測を導入する

反応をリアルタイムに計測および監視することで最適な反応条件を維持し、余分な試薬の使用を防ぎ、爆発などの化学事故の予測をする。また有害物質の生成を予知して制御することで環境汚染や事故の抑制につなげる。

第12条　化学事故につながりにくい物質を使う

化学合成で使用する物質は、爆発や火災など、化学事故の可能性を最小限に抑えるように選択する。

※アイコンは本書で作成したものです。

図4-2　グリーンケミストリーの行動指針である12原則の分類

GCの行動指針である12原則は、「資源使用の改善」「人体と環境への危険軽減」「エネルギー効率の向上」に分類することができる（**図4-2**）。GCが、資源使用の改善や人体と環境への危険軽減に注目した概念であることが分かる。

GCの概念が現代の化学において世界基準とされ、2001年からの多くのノーベル化学賞の受賞理由にも合致していることは、その重要性や影響力の大きさを示している。GCの原則は、環境への影響を最小限に抑えながらも効率的なプロセスを確立することを目指しており、化学物質の開発や製造において、品質や経済性に悪影響を与えずに、社会的な課題に対処する手段として広く受け入れられ、持続可能性と化学の進歩が調和して進む指標として使われている。

ポイント

- ☑ GCは2つの背景と3つの実行目的を持っており、行動指針として12原則が示されている。
- ☑ 12原則は資源使用の改善、人体と環境への危険軽減、エネルギー効率の向上に分類できる。

4-3 Eファクター

GCはエンドオブパイプの解決策ではなく、化学プロセスそのものを改革することを目的にしている。したがって、化学プロセス中の廃棄物の削減は、資源使用の改善や人体と環境への危険軽減に直結した内容と言える。廃棄物に対する評価法として、原料や溶媒などの化学プロセス一連で使用されている原子が、製品に対してどれくらい利用されたかを表すことで、廃棄物を評価する方法がある。その代表的な手法として「Eファクター（環境要因[注釈1]）」がある。

Eファクターの起源は、1980年代初頭にOcéのグループ会社であるOcé Andeno（オランダ）の工場閉鎖に端を発している。この会社はファインケミカル（6-1節）の原料製品として、2,4,6-トリニトロトルエンからフロログルシノールを製造していたが（**図4-3**）、化学物質と環境問題な関係が注目された1980年代になると、この一連の化学反応が問題となった。

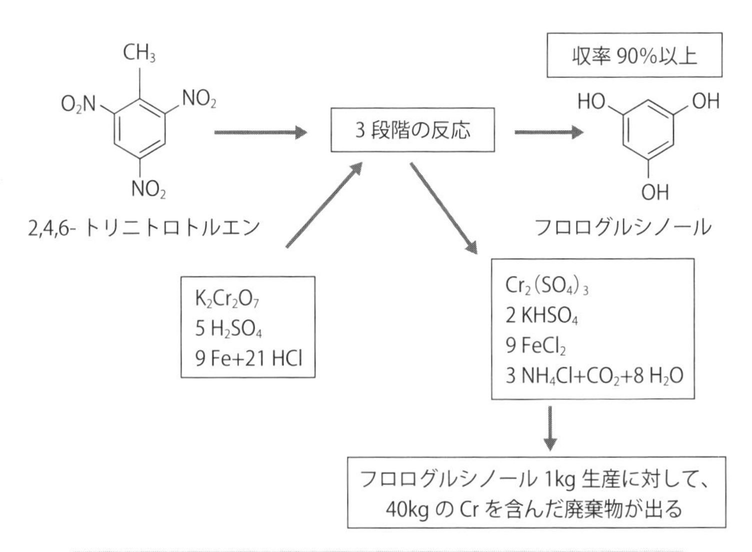

図4-3　2,4,6-トリニトロトルエンからフロログルシノールの合成

この化学プロセスでは、出発原料として爆発性物質であるトリニトロトルエンを使用し、また一段階目の反応で発煙硫酸中での重クロム酸カリウムによる酸化を行うといった非常に危険なプロセスが含まれている。さらに、フロログルシノールを1kg生産するためには、クロムを含む固形廃棄物（$Cr_2(SO_4)_3$、NH_4Cl、$FeCl_2$、$KHSO_4$）が約40kgも発生する。廃棄物処理に対する企業負担が増えるに伴い、フロログルシノールの合成に伴う廃棄物の処分費用が製品の販売価格に影響し、利益を上回るようになったことから工場閉鎖に繋がった。

1992年にロジャー・アーサー・シェルドン（オランダ）は、この閉鎖の話を聞き、大量の廃棄物が生成する化学プロセスは、経済性だけではなく環境調和性を考慮する必要があると考えた。そこでシェルドンが以前提案していた「原子利用効率」を計算する方法「廃棄物の重量（kg）/製品の重量（kg）」をEファクターとし、化学プロセスの環境調和性を大まかに評価する方法として発表した（**図4-4**）。フロログルシノールの合成のEファクターを計算すると40（＝40/1）となり、非常に環境調和性が低い化学プロセスであることが分かる。

シェルドンはEファクターを発表する前に、合成ガス（Syn gas；一酸化炭素と水素の混合ガス）から汎用化学物質を製造するバルクケミカル（6-1節）における「原子利用効率」を計算していた。例えば、合成ガスからメタノールを合成する場合、原子利用効率は100％であるが、エチレンを合成す

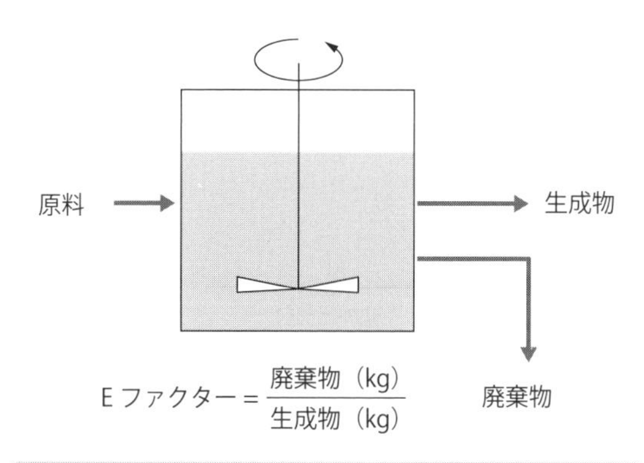

図4-4　Eファクターを算出するためのイメージと計算式

る場合、原子利用効率は44%（合成収率含む）になる（**図4-5上段**）。言い換えると、原子の利用効率が低いということは、化学プロセスの（潜在的な）環境調和性が低いことを示している。

さらに、エチレンからエチレンオキシドを合成するための原子利用効率を計算すると、従来のクロロヒドリン経路法における原子利用効率は25%であるが、分子状酸素によるエチレンの酸化法を用いると原子利用効率は100%になる。化学プロセスを選択することで、原子利用効率を大きく変化させることができる（**図4-5下段**）。

また、シェルドンは化学産業の各部門におけるEファクターの計算も行っている。化学産業の各部門別にEファクターを比べると、石油化学は非常に廃棄量の少ない化学プロセスを行っていることが分かる（**図4-6**）。しかし、バルクケミカルから、ファインケミカル、医薬品のように高付加価値な製品の製造になるとEファクターが劇的に大きくなる。これはファインケミカルや医療品の合成は多段階反応が必要になるため、反応途中で使われない原子が積算してしまうためである。

Eファクターの算出には、化学プロセスで生成される目的の製品以外の廃棄物の量も使う。これには「化学収率」、「試薬」、「溶媒」、「助剤」、場合によっては「燃料」も含める。一方で水は除外されるが、水に含まれる無機塩

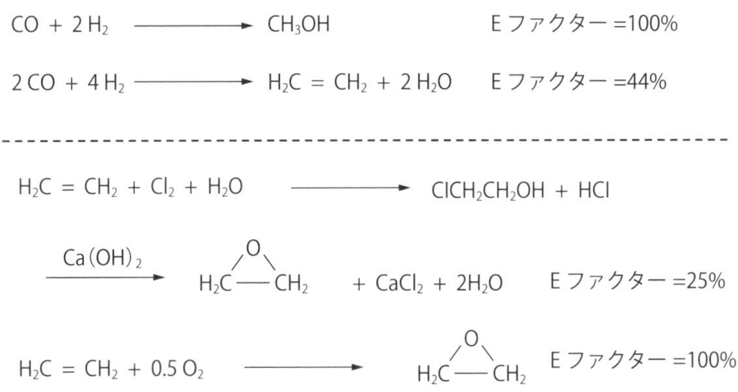

$$CO + 2H_2 \longrightarrow CH_3OH \qquad \text{Eファクター}=100\%$$

$$2CO + 4H_2 \longrightarrow H_2C=CH_2 + 2H_2O \qquad \text{Eファクター}=44\%$$

$$H_2C=CH_2 + Cl_2 + H_2O \longrightarrow ClCH_2CH_2OH + HCl$$

$$\xrightarrow{Ca(OH)_2} H_2C\overset{O}{—}CH_2 + CaCl_2 + 2H_2O \qquad \text{Eファクター}=25\%$$

$$H_2C=CH_2 + 0.5\,O_2 \longrightarrow H_2C\overset{O}{—}CH_2 \qquad \text{Eファクター}=100\%$$

図4-5　合成ガスからメタノールとエチレンを合成する過程でのEファクター（上段）、エチレンからエチレンオキシドを合成する過程でのEファクター（下段）

産業分野	生産量（トン）	Eファクター 廃棄物量（kg）/製品量（kg）
石油精製	10^6～10^8	＜0.1
バルクケミカル	10^4～10^6	＜1～5
ファインケミカル	10^2～10^4	5～>50
医薬品	10～10^3	25～＞100

図4-6　各化学産業分野における生産量とEファクター

および有機化合物は廃棄物として計算に含める。水を含めない理由として、水の使用量が多い化学プロセスではEファクターの評価結果を変えてしまう場合もあるからである。

ポイント

- ☑ Eファクターを用いることで原子の利用効率から廃棄物の割合を求めることができる。
- ☑ 石油化学やバルクケミカルに比べファインケミカルや医薬品はEファイクターが高い。
- ☑ Eファクターの計算には水を含めない。

注釈１　Environmental-factor：環境因子

4-4 アトムエコノミー

Eファクターが提案される1年前の1991年に、環境調和性の評価法として「アトムエコノミー[注釈1]」と呼ばれる方法がバリー・トロスト（アメリカ）によって提案された。この評価法は、化学合成によって生成される廃棄原子の量を理論的に評価することができる。Eファクターと同様に単純な計算で環境調和性の評価をすることができるため、GCの第2条の評価法として利用されている。

例えば、CrO_3またはO_2を用いた酸化反応を用いた1–フェニルエタノールからエトキシベンゼンの合成に対する原子効率を比較すると、CrO_3を用いた合成では原子効率が42％と計算できるが、O_2を用いた合成では原子効率は87％と計算できる（**図4-7**）。

それではEファクターとアトムエコノミーの違いは何であろうか。Eファクターは実際の化学プロセスから計算をする手法であるが、アトムエコノミーは化学収率が100％であることを仮定して、化学反応式を基礎として計算を行う手法である。

例えば図4–3で示したフロログルシノールの合成におけるアトムエコノ

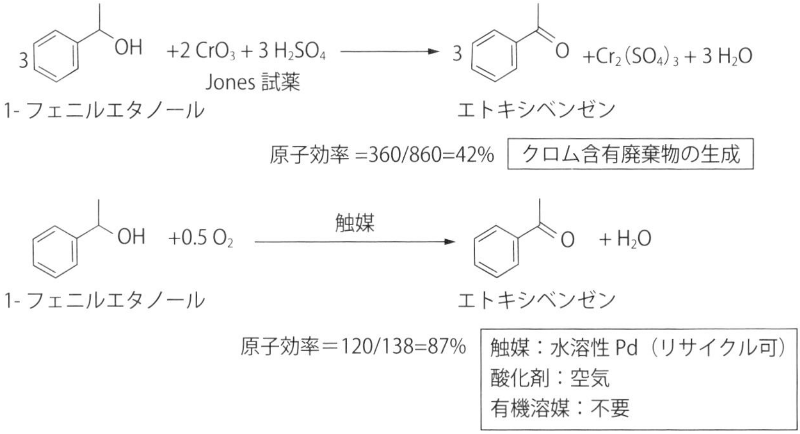

3 (1-フェニルエタノール) + $2\,CrO_3$ + $3\,H_2SO_4$ → 3 (エトキシベンゼン) + $Cr_2(SO_4)_3$ + $3\,H_2O$

Jones 試薬

原子効率 =360/860=42%　クロム含有廃棄物の生成

(1-フェニルエタノール) + $0.5\,O_2$ →（触媒）(エトキシベンゼン) + H_2O

原子効率＝120/138=87%

触媒：水溶性 Pd（リサイクル可）
酸化剤：空気
有機溶媒：不要

図4-7　1-フェニルエタノールからエトキシベンゼンの酸化合成に対する原子効率（上段：CrO_3、下段：O_2）

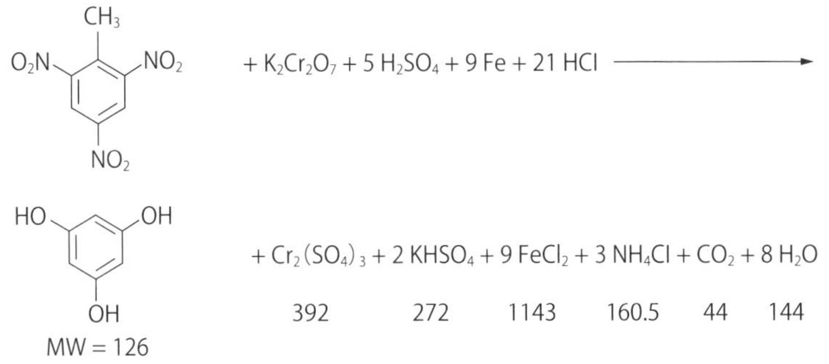

CH_3 / O_2N / NO_2 / NO_2

$$+ K_2Cr_2O_7 + 5\ H_2SO_4 + 9\ Fe + 21\ HCl \longrightarrow$$

HO / OH / OH

MW = 126

$$+ Cr_2(SO_4)_3 + 2\ KHSO_4 + 9\ FeCl_2 + 3\ NH_4Cl + CO_2 + 8\ H_2O$$

392　272　1143　160.5　44　144

原子効率=126/(126+392+272+1143+160.5+44+140)=126/2282=約5%

図4-8　2,4,6-トリニトロトルエンからフロログルシノールの合成におけるアトムエコノミーの算出

ミーは約5%になる(**図4-8**)。すなわち、生成物5%に対して廃棄物が95%発生することを意味する。この単位を分子量ではなくkgとして考えると、1kgのフロログルシノールを獲得するために、19kg(=95/5)の廃棄物が発生することになる。しかし実化学プロセスでは、1kgのフロログルシノールを獲得するために40kgの廃棄物が発生しているため計算が合わない。この差は合成収率や過剰添加した原料が原因であり、アトムエコノミー(理論値)と実際の化学プロセスでは大きな隔たりがあることが分かる。

このような特徴を有するアトムエコノミーは、化学反応を検討する初期段階で合成指針を定めるために利用する。例えば、ディールス・アルダー反応などのペリ環状反応、クライゼン転位などのシグマトロピー転位、マイケル付加反応、水素添加反応、ヒドロホルミル化反応は高い原子利用効率であるため、アトムエコノミーの視点からすると理想的と言える(5-6節)。

ポイント

- ☑ 原子効率は化学合成によって生成される廃棄物の量を理論的に評価できる。
- ☑ Eファクターとアトムエコノミーは分けて考える。

注釈1　Atom economy

4-5 GCの評価法と課題

2002年に行われたヨハネスブルグサミットでは、持続可能な開発について議論がなされたが、今後10年間のグローバルな取り組みの実施計画に、非持続型の消費からの脱却が求められた。そのため、化学物質に関する予防的アプローチに留意しつつ、2020年までに化学物質の使用や製造による健康や環境への重大な悪影響を最小に抑える目標が設定された。これは「グリーンケミストリー：理論と実践」が出版されてから4年後のことである。

ところがGCの概念は浸透したものの、化学プロセスにGCの概念をどのようにどのくらい取り入れたらいいのかをマニュアル化した説明書はないため「グリーン化度（グリーンケミストリーにどのくらい沿っているのか）」の実行度の評価は難しい。

グリーン化度を向上させるためには化学プロセス全体あるいは製品のライフサイクルアセスメント（LCA：詳しくは9–1節参照）をもって、総合的に判断しなければならない。しかし、化学プロセスに対して完璧なグリーン化度を達成することは困難な場合が多く、その理由は悪影響や優先度が組織や人によって異なる「環境負荷の多面性」によるためである。

また、触媒や溶媒が反応後に大量廃棄物となる場合は、これらの反応はGCに適していないと判断できる。一方で多くの副生成物が生成し、原子利用効率が低い化学反応であっても、副生成物が価値のある製品になればGCに適した化学プロセスと考えることができる。

加えて、トレードオフの関係も考慮しなければならない。例えば原料の一つに発がん性物質があった場合、これを別の物質に置き換えたことで、廃棄物を大量に発生させてしまう結果になってはならない。また、ある化学プロセスでグリーン化度の向上に成功したとしても、この手法を類似した別の化学プロセスで使えないことが多い点も課題である。また、グリーン化度の向上に成功しても、経済性の観点から実用化にならない場合も多い。例えばグリーン化度の高い化学プロセスを実行するため、生産ライン全てを見直すこととなっては製品価格を維持できないことになってしまう。

以上から、12原則をバランスよく満たす化学技術の開発が令和の現在でも難しい課題と言える。しかし、地球が持つ環境治癒力や資源量には限りがあり、さらに健康や生態系に対する化学物質の負の影響を軽視してはいけない。今まさに、人類の叡知を集めて、グリーン化度を高めるためのイノベーションを起こす必要がある。

まずは、原料、反応、化学プロセス設計、製品、使用法などの要素に分けて一つ一つの課題を明確にし、これをマトリックス化し可視化することから始める。また、各要素の評価法は様々な手法が提案されているので、これらを参考にしてほしい。**図4-9**には、グリーン化度の評価法の一例として廃棄物の評価法の名称をまとめた。

またCAS[注釈1]では、化学物質の検索をする際に必要なGCの情報を検索できるセルフサービスを行っており、原料のグリーン化度を向上させる選定に使うことができる[注釈2]。CASコンテンツコレクション™には4万5,000件以上の「グリーン」化学反応が提供されており、反応の選定に利用できる。

一方で、CASではパッケージング開発など、製造に対して最新のGCの動向についてのレポートも定期的に発表しており[注釈3]、こういったデータベースや文献は、製品や使用法の選定に役立てることができる。

GCは未だ発展途上の分野であると考えられ、流動的な分野と言える。したがって参考にできる新情報は積極的に使いたい。例えばIUPAC（国際純正・応用化学連合）では、2017年に持続可能な開発を目指すグリーンケミストリーに関する委員会（ICGCSD[注釈4]）を立ち上げ、グリーンで持続可能

E-factor	Stoichiometric Factor (SF)
Atom economy	Carbon Efficiency (CE)
Mass Intensity (MI)	Greener atomic level
Solved Calculate the Effective Mass Yield (EMY)	Scale Risk Index (SRI)
Reaction Mass Efficiency (RME)	Manufacturing Mass Intensity (MMI)
Generalized Reaction Mass Efficiency (gRME)	Transformation Green Aspiration Level (GAL)

図4-9　製品と廃棄物の関係からグリーン化度の評価法

な化学の分野における連合の活動を始めている。このような団体が発表する情報はグリーン化度を評価するために有用な情報を含んでおり、定期的に情報を入手することは有益な手引きとなる。

次に、解析結果や情報収集などから各要素が集まったら、これをマトリックス化することでグリーン化度の可視評価を始める。この際に考慮する因子や確認点を以下にまとめた[注釈5]。全てを満足させることは困難であるかもしれないが、重要度や影響の大きいものから工夫を行い、グリーン化度を高めてほしい。

グリーン化度を評価するための因子

- 資源の消費量（再生可能または再利用可能）
- 廃棄物排出量
- 化学物質のリスクと危険性
- 環境調和性
- エネルギーの消費
- 経済性
- 製品の品質向上
- 製品廃棄時のGHG排出量

グリーン化度を評価するための確認点

- 生態系と人類への影響
- 社会と経済への影響
- 地球環境への影響
- トレードオフの関係
- ケースバイケースの問題

グリーン化度をどこまで向上させるかの判断は難しいが、グリーン化度を現状より向上させるための努力を惜しまず、進歩を積み重ねることが重要である。化学産業は責務（Responsibility）から貢献（Contribution）への変革が期待されており、この取り組みが多くの産業に対して持続可能な開発への貢献を導く近道と言える。これを実行するにはGCを導入した新しい化学産業への進展が必要である。

ポイント

- ☑ グリーン化度とはグリーンケミストリーにどのくらい沿っているのかを表す割合である。
- ☑ 目的に応じて分析や情報を入手しグリーン化度を評価する。
- ☑ グリーン化度の向上をするための努力を惜しまない。

注釈1 Chemical Abstracts Service

注釈2 https://www.cas.org/about/cas-content

注釈3 https://www.cas.org/resources/cas-insights/sustainability/bio-based-polymers-green-alternative-traditional-plastics

注釈4 Interdivisional Committee on Green Chemistry for Sustainable Development：

注釈5 御園生誠、グリーンケミストリー：その考え方と進め方、有機合成化学協会誌、61、406-412、2003から改変

グリーン度の向上と課題

5-1 化学構造と毒性

アリストテレス（ギリシャ）は、その著書「On Sense and the Sensible（自然学小論集）」の中で『すべての生き物は甘さから栄養を得る』と述べている。甘さの元となる化学物質の一つにブドウ糖（D-グルコース：$C_6H_{12}O_6$）があるが、ブドウ糖の化学構造が人に合わせて進化したのではなく、人が積極的に栄養を摂るためにブドウ糖を「甘い」と感じるように進化してきたと考えられる。

しかし、同じブドウ糖であるL-グルコースはどうであろうか。D体もL体も化学式（$C_6H_{12}O_6$）は同じであるが、エナンチオマー注釈1であることから甘みを感じても人の栄養にはならない。これは、体内でL体を酸化できる酵素を人は持っていないためである。このように、化学物質の中には同じ原子構成であっても、構造の微妙な違いによって人への影響が大きく変わるものがある。

一方でショ糖（スクロース）は、サトウキビなどから得られる天然の二糖類であるが、猫はショ糖を水に入れて飲ませても、水との味の区別ができない。このように、生物種によっても化学構造の認識力が大きく異なる。

こういった化学構造の微妙な違いが、人の健康を脅かすこともある。例えば妊婦のツワリを抑える薬に、サリドマイド（(*RS*)-2-(2,6-dioxo-3-piperidyl)isoindole-1,3-dione）がある。妊婦に対する睡眠導入剤として使用されたサリドマイドに、胎児への重篤な催奇形性を示すことが報告され、その後の調査で5,000人以上の胎児に対して痛ましい薬害を引き起こしていたことが判明した。

サリドマイドは、無水フタル酸とアミノグルタルイミドの縮合反応により合成される光学異性体である。R体は薬として有効である一方で、S体には急性新生児障害を引き起こす作用がある（**図5-1**）。1960年頃の販売時点ではラセミ体注釈2からR体だけを取り出す技術はなく、またS体による影響も知られていなかった。サリドマイドによる薬害は、後に各国の薬事法の見直しも繋がる大きな事件となった。

(*S*)-サリドマイド
左手型
急性新生児障害

鏡

(*R*)-サリドマイド
右手型

図5-1　サリドマイドの光学異性体

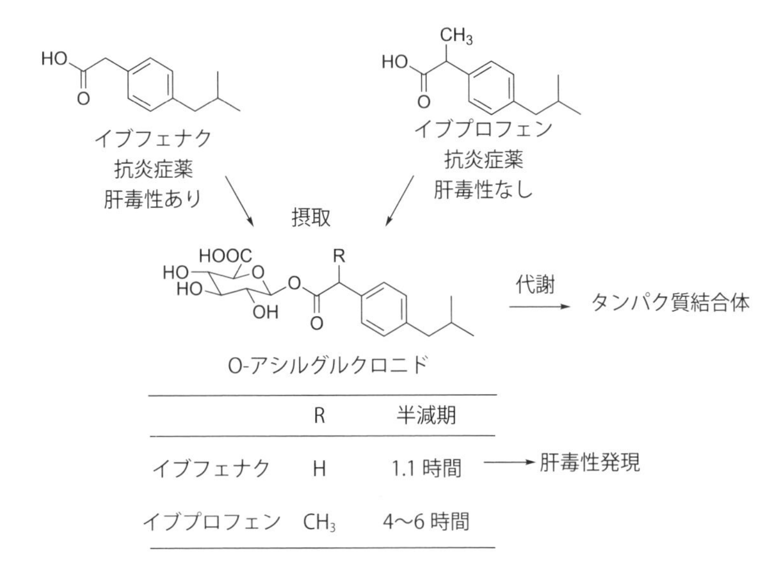

	R	半減期
イブフェナク	H	1.1 時間
イブプロフェン	CH_3	4～6 時間

図5-2　イブフェナクとイブプロフェンの構造と代謝毒性

一方でこのサリドマイドは、様々な疾病（ハンセン病、癌、皮膚病、リウマチ、ベーチェット病、多発性骨髄腫など）に薬効を示す万能薬とされ、近年では希少疾病用医薬品として販売が再承認されている。現代の技術を用いて、R体だけを分離したキラルなサリドマイドが販売されているが、生体内でR体はラセミ化を起こすことが知られており、安全とは言えないことを承知で処方がされている。

化学構造のわずかな違いが、薬を毒に変えてしまうことが分かり、その後の

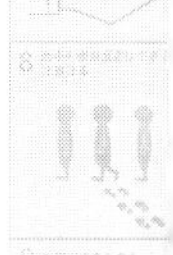
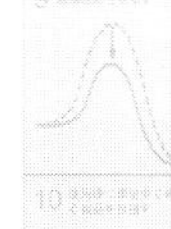

化学に大きな進歩をもたらした。例えば、イブフェナク（4-(2-methylpropyl)-benzeneacetic acid）は、フェニル酢酸構造を有する非ステロイド性抗炎症薬であるが、代謝経路においてO-アシルグルクロニドを形成し、この中間体の分解物（反応性代謝物）によって肝毒性を発現してしまう。

この問題を解決するため、酢酸部位の2位（芳香環の付け根）の水素をメチル基に置換することで、O-アシルグルクロニドの半減期1.1時間を、3.6〜4.6時間まで伸ばすことに成功した（**図5-2**）。水素をメチル基に置換し

構造式と物質名	構造と症状
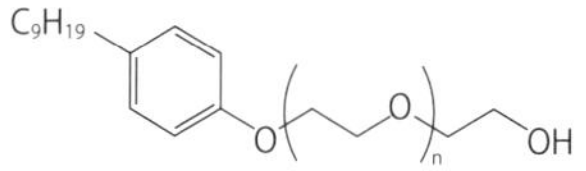 C_9H_{19} O (O)n OH ノニルフェノールポリエトキシレート類	nが14〜19は重度の心筋壊死の可能性が高いが、nが14以下か19以上ではその可能性が低い。
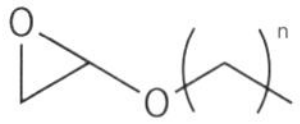 O O ( )n グリシジルエーテル類	nが7〜9は変異原性[注釈3]を示すが、nが11-13は非変異原性を示さない。
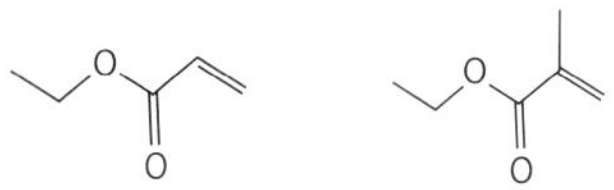 O O O O アクリレート　メタクリレート	アクリレートはマイケル付加反応を起こしやすいため、発がん性が高い。メタクリレートはβ炭素の求電子性が減少するため発がん性が低い。
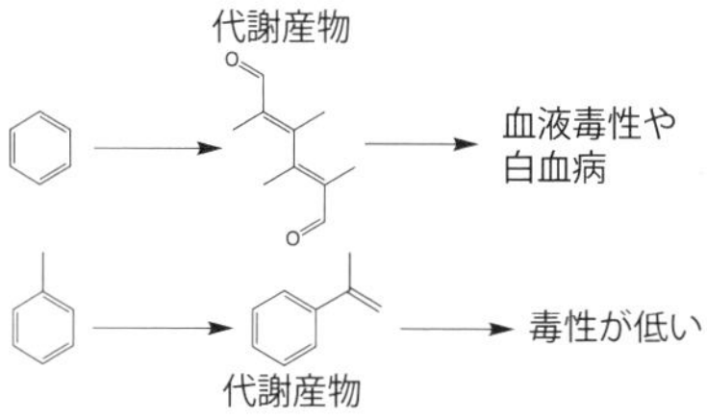 代謝産物 → 血液毒性や白血病 代謝産物 → 毒性が低い ベンゼンとトルエン	ベンゼンは代謝産物によって人間に血液毒性や白血病を引き起こすが、トルエンはメチル基がベンゼン環よりも容易に酸化されるので（安息香酸を生成）毒性が低い。
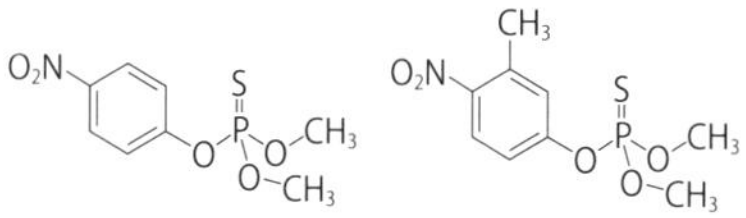 O_2N S P O CH_3 O CH_3　CH_3 O_2N S P O CH_3 O CH_3 パラチオンとスミチオン	有機リン殺虫剤として使われてきたパラチオンのLD_{50}（7-4節）は6 mg/kgでるが、スミチオンのLD_{50}は740 mg/kgである。

図5-3　化学構造式による人体への症状

ただけであるが、劇的に代謝毒性を低下させることに成功した事例である。現在では、この分子はイブプロフェン（Ibuprofen）として数多くの市販薬に利用されている。化学物質と毒性の関係は積極的に研究され、多くの知見が蓄積されている。**図5-3**には身近な化学物質の化学構造による毒性の変化をまとめた。

また、化学構造と毒性に関する情報として「アラート構造」がある。例えば変異原性を起こす可能性のあるアラート構造は3つのクラスに分類されている（**図5-4**）。クラス1では既知の変異原性発がん物質、クラス2では発がん物質が不明な既知の変異原性物質、クラス3では原薬の構造とは関連し

クラス 1

OH N
N-ヒドロキシアリール

N O
N-アシル化アミノアリール

N O
アザアリール-N-オキシド

N
芳香族アミン

含窒素芳香環

クラス 2

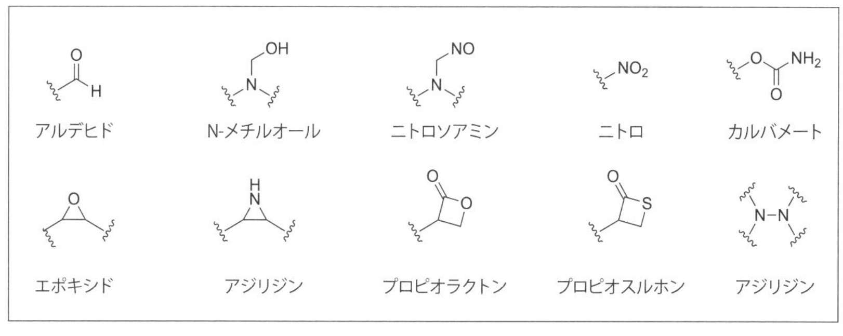

クラス 3

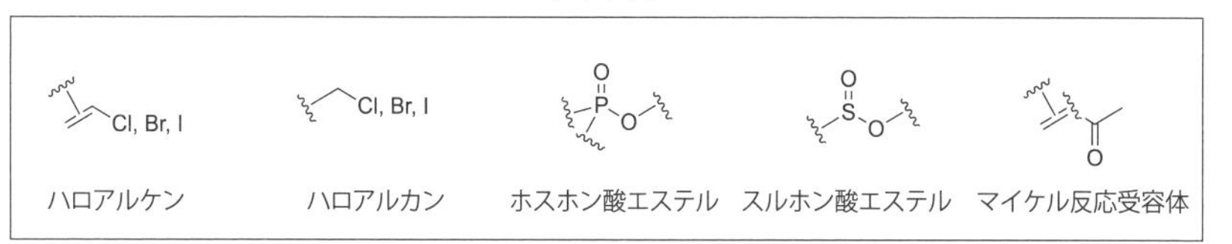

図5-4　変異原性を起こす可能性のあるアラート構造のクラス別例

ないが、アラート構造を有し、変異原性のデータがない物質が該当する。

将来の医薬品候補物質が望ましくない毒性作用を持つ可能性を減らすため、各製薬企業が独自のアラート構造のライブラリーを有しており、化学合成の指針としてアラート構造が役に立っている。また近年ではコンピュータシミュレーションと実験結果を組み合わせた各社独自の毒性評価方法も行われている。

このような検討を行うことでGC12原則の中で第3条、第4条、第5条、第12条を実践することに繋がる。

ポイント

- ☑ 化学物質の微細な構造変化が毒性に大きな影響を与える。
- ☑ アラート構造に該当する特定の化学構造を合成指針として利用している。

注釈1　エナンチオマー（化学構造が同じで、立体配置が実像と鏡像の関係にある異性体）が混在する状態の分子

注釈2　キラル（ある化学構造がその鏡像に相当する構造と重ね合わせることができない性質）な化合物において等量のエナンチオマーが混在する状態

注釈3　生物の遺伝情報（DNAの塩基配列あるいは染色体の構造や数）に不可逆的な変化を引き起こす性質

注釈4　Structural alerts

5-2 カーボンニュートラルとグリーン原料

日本における産業の中で、GHG排出量の順位は鉄鋼産業に次いで化学産業が「第2位」であり、その要因は化石燃料および化石原料の燃焼が7割を占めている（**図5-5**）。化学産業における再生可能エネルギーへの移行は、GCの12原則の中で第6条の実践に繋がる。

また、鉄鋼産業の製品を廃棄物処理してもCO_2は発生しないが、化学産業の製品を廃棄処理すると、例えば多くのプラスチックは燃焼やサーマルリサイクル（8–2節）を行う過程で、CO_2が発生する。この問題を解決するため、化成品の「カーボンニュートラル」を実践する必要がある。カーボンニュートラルとは、CO_2をはじめとするGHGの「排出量」から、植林や森

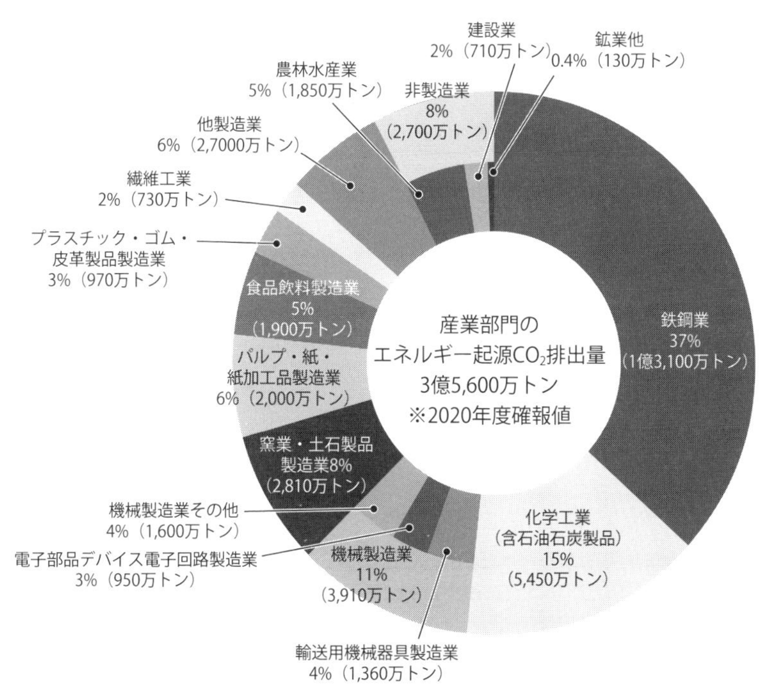

図5-5　日本における産業別のCO_2排出量の状況（エネルギー起源） 注釈1

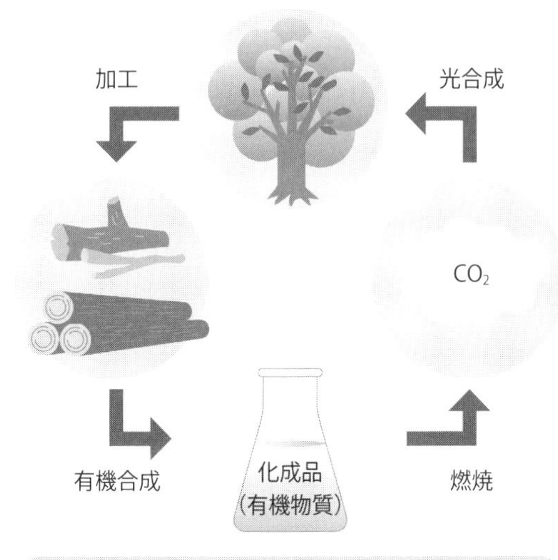

図5-6　バイオマス系原料とカーボンニュートラル

林管理などによる「吸収量」を差し引くことで、理論的にゼロにすることを指す概念である（増えも減りもしない）。

原料のGHG低減には、再生可能資源である植物や藻類のように、光合成によって育つ生物から得るバイオマス系原料を用いることが有効である（GC12原則の第3条と第7条を実践）。これらのバイオマス系原料を焼却した際に排出されるCO_2は、バイオマス作物が成長する過程で吸収したCO_2と同量であることから理論的には大気中のCO_2総量の増減には影響を与えないことになる。一方で、植物や藻類由来のバイオマス系原料を使った化学製品を製造したとしても、植物の栽培、伐採、製造、輸送などのすべての工程でゼロカーボンを行わなければ本当の意味でのカーボンニュートラルを成立させたとは言えない（**図5-6**）。

また、既存の石油ベースの炭素循環は、CO_2が光合成によって植物（バイオマス）に変換され、地層蓄積層に堆積し、数百万年かけて原油に変換され（**図5-7**）、その後石油精製を経て化学製品ができ、その化学製品は廃棄後に燃焼によりCO_2へ戻る。一見すると炭素は循環しているように思えるが、原油生成速度と原油消費速度には5桁以上の隔たりがあり、大気中へのCO_2

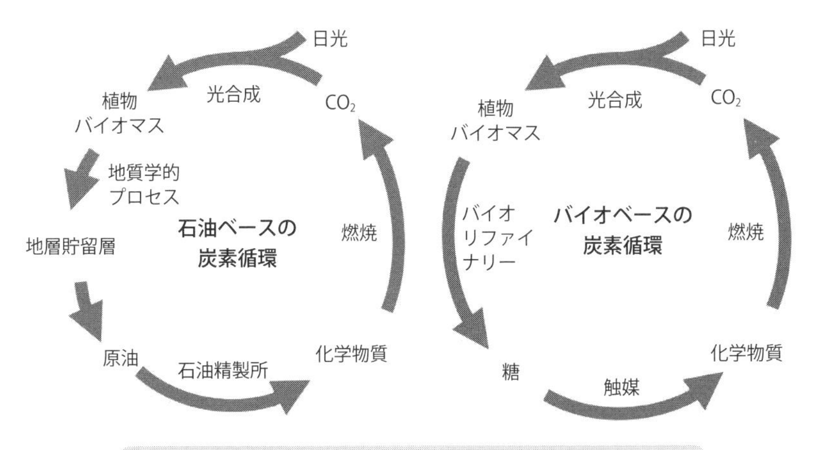

図5-7　石油ベースまたはバイオベースの炭素循環のイメージ

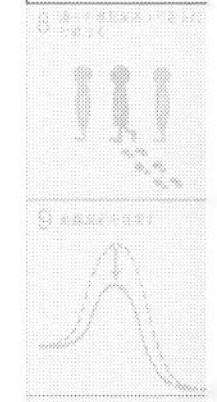

蓄積のバランスが取れない。

一方で、バイオベースの炭素循環は植物からバイオリファイナリー注釈2を経て糖に変換し、そこから触媒を用いて化学物質に短時間で変換する方法である。この方法であれば、炭素が一定の速度で循環できることになる。すなわち持続可能なグリーン原料の入手には、炭素のバランスの取れた循環が重要となる。

バイオマス原料として使うことのできる天然物はセルロース、リグニン、デンプン、キチン、キトサンなどの多糖類、油脂、タンパク質である。これらの物質は大量に供給可能な植物や藻類から入手することができる。これらの天然物は炭水化物のまま化学品の基本骨格として利用する方法や、炭化水素に変換して多種類の化学品への基幹原料とする方法がある。

日本では、バイオマス系原料の部分酸化やガス化誘導を含めてメタノールを基幹原料としたC_1化学注釈3につなげる方法が進められてきた。また、最近では、糖化や発酵工程と化学プロセスの組み合わせにより、バイオオレフィンの製造を目指す「バイオマスコンビナート構想」も提案されている。

一方で、アメリカではバイオマス系原料→中間原料→基幹化学品→二次化学品→中間体→最終製品へと繋がる物質変換を示した「バイオリファイナリー構想」が提案されている。このように枯渇資源から再生可能資源に原料を移行することで、グリーン化度を高める試みが続いている。

さらに、別の方法として、バイオエタノールから脱水反応を経てエチレンを生産する手法や、二酸化炭素と水素からメタノールを合成し、これをオレフィン化することによりプロピレンなどを生産するMTO（Methanol to Olefine）がある（**図5-8**）。また、一度消費されたプラスチック製品をリサイクル資源として、マテリアルリサイクルやケミカルリサイクルを行うことのできる循環型のコンビナートの開発も行われている。

化成品を利用する分野の中でも化粧品のように数多くの原料を混合して製品にする業種では、原料の選定は特に重要とされる。例えばエスティ・ローダー社（アメリカ）では、原料のハザードを基礎とした「グリーンスコア」という解析法を用いて、化粧品に使われる原料の評価を行っている。

また、同社は既存の製品に対して、新しい原料に置き換えたことによるグリーンスコアの変化についても報告している。例えばメイクアップに際して、液体ファンデーションの成分であるデカメチルシクロペンタシロキサン（38％）を代替シリコーンに置き換えたことで、グリーンスコア値を57.8から67.0に向上できることを報告している（**図5-9**）。このような解析は、原料選定の指標となり、さらには既存の製品の見直しや、消費者に対する化学物質の透明性に繋がる効果がある。

さらに、バイオ系の再生可能資源として動物から取れる油を使用する場合もある。ただし、動物福祉の観点から、動物由来の原料の使用を控える企業も多い。さらに化粧品で使う場合は、肌に直接つけることからハラム（Halam）に該当するなどの問題もある。

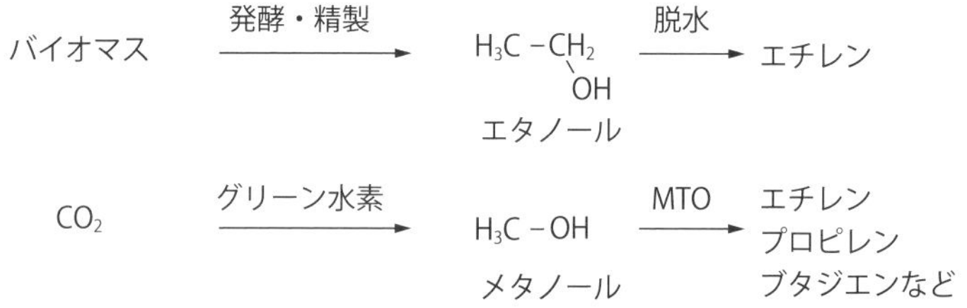

図5-8　石油に依存しないグリーン化学プロセスを利用した化学基礎製品の製造

原料	機能	グリーンスコア
シクロペンタシロキサン	皮膚軟化剤	38.8
変性アルコール	溶媒	39.4
Red 17	着色剤	40.7
フェニルトリメチコン	スキンコンディショナー	41.1
酸化亜鉛	皮膚保護剤	42.7

図5-9　化粧品原料内のグリーンスコア値が最も低い原料[注釈4]

ポイント

☑ 化学原料をバイオマス系原料に変え、カーボンニュートラルを達成することが求められている。

注釈１　https://www.meti.go.jp/shingikai/sankoshin/green_innovation/energy_structure/pdf/013_04_00.pdfより改変

注釈２　バイオマス資源から化学品、素材、燃料を製造する技術

注釈３　COなど一つの炭素原料から開始する化学反応

注釈４　M. J. Eckelman, et al., Green chem., 2022, 24, 2397-2408より改変

5-3 バイオマス系原料の課題

バイオマス系原料の積極的な活用が、GCを円滑に実施するために必要であるが、バイオマス系原料の生産や利用は実用的で効率的なプロセス方法論が不足しているため、多くの課題を抱えている。バイオマス系原料の採用は、「化石資源の節約」、「GHG排出削減」、「環境負荷の低下」を行うことが目的である。これらを満足させたバイオマス系原料を使用しない限り、その有用価値はない。

図5-10には、石油系原料とバイオマス系原料における利点と課題をまとめた。バイオマス系原料には未だ多くの課題があることが分かる。特に有機化学工業でバイオマス系原料を積極的に利用するには生産コストが大きな課題として掲げられる。その理由として、栽培された植物や藻類から化学原料へ変換するために、酵素反応によるモノマー化や還元や脱水反応により、脱酸素化などの複雑で多段な化学プロセスを経由する必要がある（**図5-11**）。

	石油系原料	バイオマス系原料
利点	●安価 ●直接原料にできる ●多様な構造を有する化学品へ誘導しやすい ●Eファクター低い	●カーボンニュートラルによって二酸化炭素量が増加しない ●枯渇性原料ではない
課題	●原油からの精製および変換に必要なエネルギーが大きい ●燃焼廃棄すると二酸化炭素が排出する	●高価 ●複雑な前処理が必要 ●多様な構造を有する化成品へ誘導しにくい ●食糧との競合が引き起こる場合がある ●大量栽培による環境破壊 ●栽培、伐採、製造、輸送、分離、精製時の環境負荷が大きい ●Eファクター高い

図5-10　化学工業における石油系原料とバイオマス系原料の利点と課題

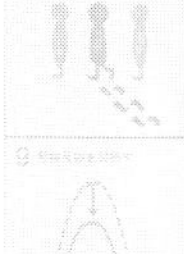

このため、バイオマス系原料の生産や利用は、実用的で効率的なプロセス方法論が未だ不足しており、この解決が必要である。

またバイオマス系原料は、植物の栽培、伐採、製造、輸送、分離、精製などの工程を経て作られるが、この間に使われるエネルギーが化石燃料であることが多い。これをLCAによって計算すると、製品の製造や廃棄に関わるCO_2排出量と原料植物が吸収するCO_2量のバランスが取れないことが多い。この状況では、「GHG排出削減」が十分に達成されず、バイオマス系原料の接続可能性が損なわれてしまう。

バイオマス系原料を使用する場合は「カーボンフットプリント（9-2節）」を用いて、石油系原料を用いた場合と比較して、GHG排出量が少なくなっ

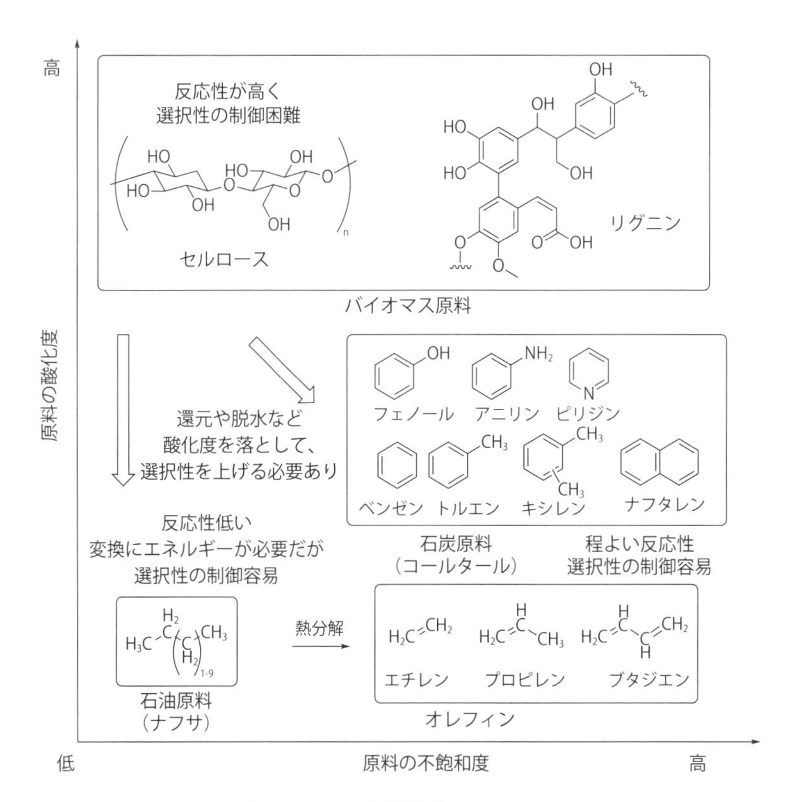

図5-11　石油系原料とバイオマス系原料の不飽和度と酸化度と反応性について 注釈1

ているかを試算することが重要であり、これを怠ると「グリーンウォッシュ」注釈2になってしまう。例えば、ブラジルのサンパウロ周辺で栽培されたサトウキビを原料とするポリエチレン樹脂のGHG排出量を石油系ポリエチレン樹脂と比較すると、サトウキビ由来のポリエチレン樹脂の方が石油系ポリエチレン樹脂よりも約70%少ないことが確認できる（**図5-12**）。

一方で、サトウキビの栽培には水が必要であるが、この水はポリエチレン1kgあたり約3 m^3 必要となる（図5-12）。水は地域的、時期的な遍在性の高い資源であり、水資源の利用が穀物生産などに与える負の影響と、世界の穀物供給と栄養失調による損失余命との相関からDALY（障害調整生存年数注釈3）に変換することができる。GHG排出と水消費を、健康への影響という同一次元で比較してみると、サトウキビ由来ポリエチレンは、石油由来ポリエチレンより3分の1以下に負荷を抑えることができる（**図5-13**）。したがって、この例はバイオマス系原料の使用が有用であることを後押ししている。

しかし、バイオマス系原料は生物多様性によって支えられている生態系サービスに依存してもたらされる資源であり、その生産能力には限界があることを忘れてはいけない。バイオマス系原料は「再生可能」ではあるが「無尽蔵」ではないのである。石油系原料をバイオマス系原料に代替えするに

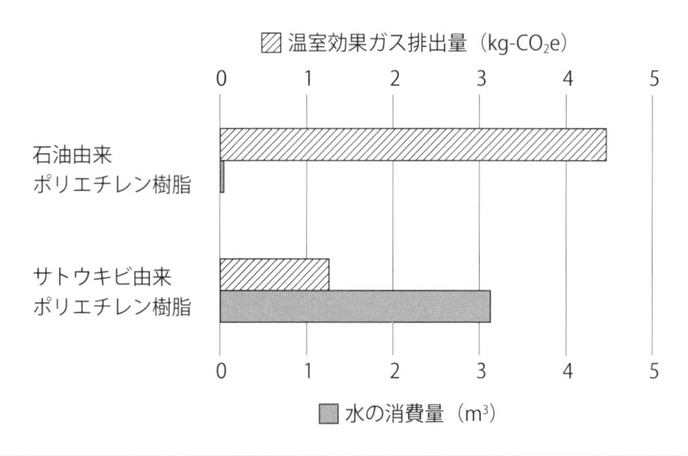

図5-12　石油由来ポリエチレンとサトウキビ由来ポリエチレンのGHG排出量と水消費量

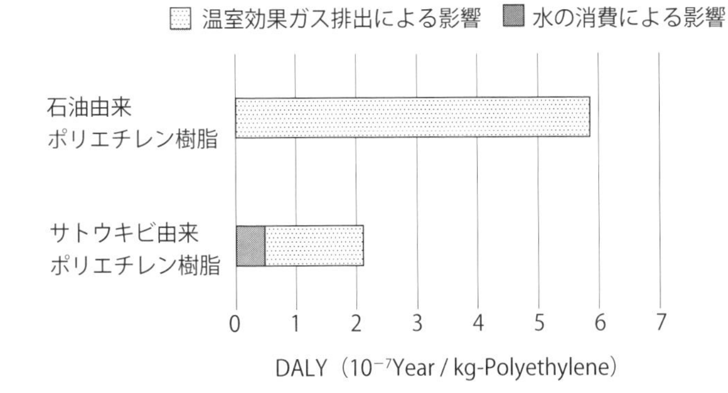

図5-13　石油由来ポリエチレンとサトウキビ由来ポリエチレンの健康への影響

は、未だ明確化されていない因子があることを忘れてはならない。

しかし、バイオマス系原料の使用は緊急性を求められている。そこで生産企業にバイオマス系原料の使用を促すために「マスバランスアプローチ（物質収支方式）」という手法が導入されている。

例えばバイオマス系原料を10トン、石油系原料を90トン混合した原料から有機化学製品が100トン製造できたとする（**図5-14**）。その後、独立機関によって割り当ての監査を受けることで、この有機化学製品100トンのうち、10％をバイオマス系原料の商品として販売することができる。これにより、生産企業は従来の化学プロセスを大きく変更することなく、再生可能な資源への原料転換を徐々に進めることができる（GC12原則の第3条と第7条を実践）。

ポイント

- ☑ **バイオマス系原料は、化石資源の節約、GHG排出削減に寄与、環境負荷の低下に繋がらなくては意味がない。**
- ☑ **バイオマス系原料を選択する場合はグリーンウォッシュにならないように多面的に評価する。**

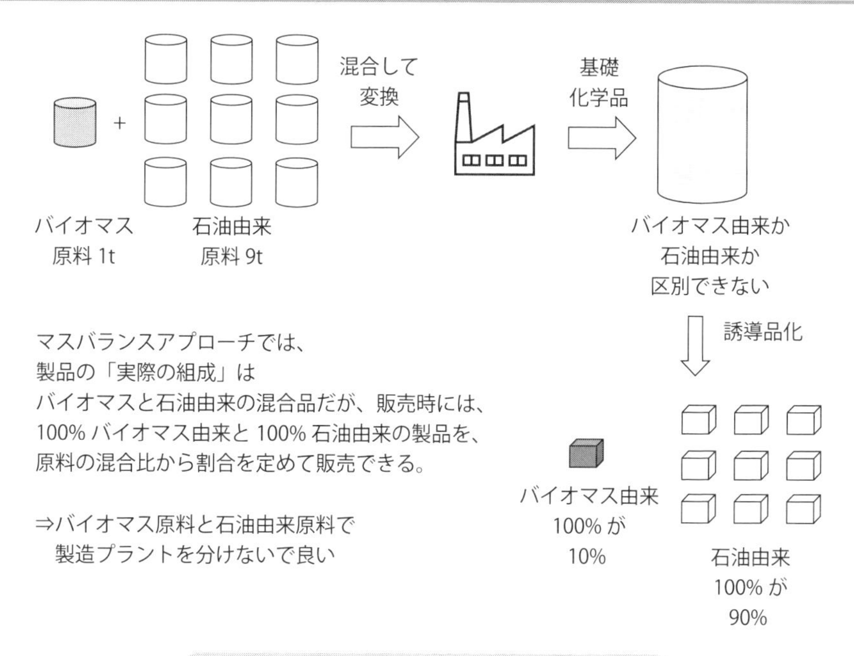

図5-14　マスバランスアプローチの概念イメージ

注釈 1　不飽和度は有機化合物に水素原子がどれだけ不足しているかを示す指標で、化合物中に二重結合や三重結合の割合を指す。酸化度は、炭素原子に酸素や窒素などヘテロ元素がどれだけ置換されているかの指標

注釈 2　環境配慮をしているように装いごまかすこと

注釈 3　Disability-adjusted life year：疾病負荷を総合的に示す指標で、疾病や障害による早死や健康的な生活の損失の程度を表す

5-4 溶媒

溶媒は、物質を溶解させることで反応中の物質同士の接触効率（頻度因子）や、反応系全体の熱の均一性、熱伝導の効率を向上させ、反応速度を大きく向上させる。また、カラムクロマトグラフィーや蒸留、ろ過など分離操作における溶剤としても使用されている。

有機化学反応の発展に大きな貢献をしてきた溶媒ではあるが、反応そのものには寄与せず、また製品にも含まれないことから、健康や環境に対する注意が向けられてこなかった。例えば、ジメチルホルムアミド（DMF：年間23万トン）やN–メチル–2–ピロリドン（NMP：年間13万トン）のような広域分野で使用されている一般的な溶媒であっても、生殖器系への有毒作用に関する大きな懸念が報告されるようになったのは最近のことである。

またクロロホルム、四塩化炭素、1,2–ジクロルエタン、1,4–ジオキサン、ジクロルメタン、N,N–ジメチルホルムアミド、テトラクロロエチレン、トリクロロエチレン、メチルイソブチルケトン、1,1,1–トリクロロエタン、1,1,2,2–テトラクロロエタン、スチレン、塩化メチレンなどの代表的な溶媒も、発がん性のリスクを持った物質であることが知られている。

これらの健康被害に加え、多くの溶媒は揮発しやすいことから、揮発性有機化合物（VOC注釈1）として大気汚染を引き起こす原因にもなっている。大気に放出された揮発性の有機溶媒は、光化学オキシダント（光化学スモッグ）や浮遊粒子状物質（SPM注釈2）の二次生成粒子を発生させ、環境や健康に被害を与える。VOCは大気汚染防止法により大気へ放出されることを厳しく規制されている。

また揮発した溶媒は火災の原因となることもあり、十分に注意した取り扱いをしなければならない。1970年代以降の有機化学工業では、これらの問題から無害で安全な代替溶媒や無溶媒合成法の検討が行われてきた（GC12原則の第1、2、3、5、7、12条を実践）。例えば水は安全、安心、安価で、枯渇とは無縁な溶媒であり、既存の有機溶媒の問題を解決することができる。しかし、ほとんどの原料は、水への溶解性が低く、また原料や触媒の中

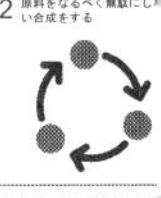

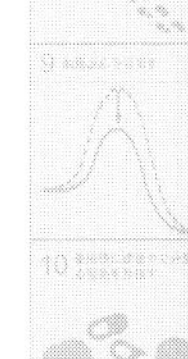

には水と反応して分解してしまう化合物も多いため、合成有機工業では用いられてこなかった。このような課題を解決するため、近年では水溶媒中の油滴中で有機合成を行う「オン・ウォーター反応」の開発や、水分解を起こさない触媒の開発が進んでいる。

一方で、水溶媒には別の課題もある。毒性の高い親水性原料が溶け込むと、分離や無害化を必要とし、活性汚泥（微生物分解）で処理できない場合は水であっても適切な産廃処理が必要となる。また、「水溶媒であるから有機溶媒よりグリーン化度が高い」というイメージがあるが、実化学プロセスでは有機物原料が水に溶け込むと、廃棄処理が極めて困難な廃水になることがある点にも注意する必要がある。

DMFやNMPの代替え溶媒として、セルロースから合成できるシレン（dihydrolevoglucosenone）がある（**図5-15**）。シレンの沸点は227℃であり、炭素、酸素、水素だけで構成されていることから燃焼時の大気汚染がなく、さらに使用後28日間で約99％が生分解されるという特徴を持っている。

100℃未満でも液体で存在する塩を総称して「イオン液体」というが、蒸気圧が非常に低く、難燃性で、イオン伝導度が高い特徴を有するため、溶媒としても注目されている（**図5-16**）。加熱をしてもVOC源にならないことや、簡単にリサイクルができることから、環境配慮型溶媒として化学合成に使われている。

二酸化炭素を超臨界状態（31.3℃で72.9気圧以上）にすると超臨界二酸化炭素となり、液体のような物質の溶解性と気体のような拡散性を兼ね備えた溶媒になる。例えば超臨界二酸化炭素中で反応を行った後に、減圧することで反応物や生成物を簡便に分離回収することができる。この技術は、化学

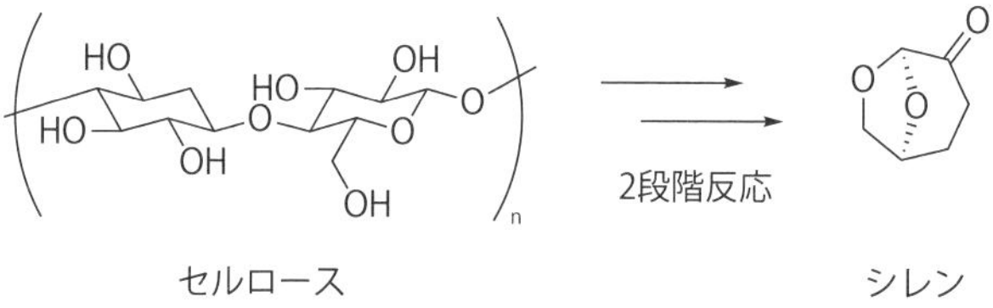

2段階反応

セルロース　　シレン

図5-15　1シレン溶媒の構造

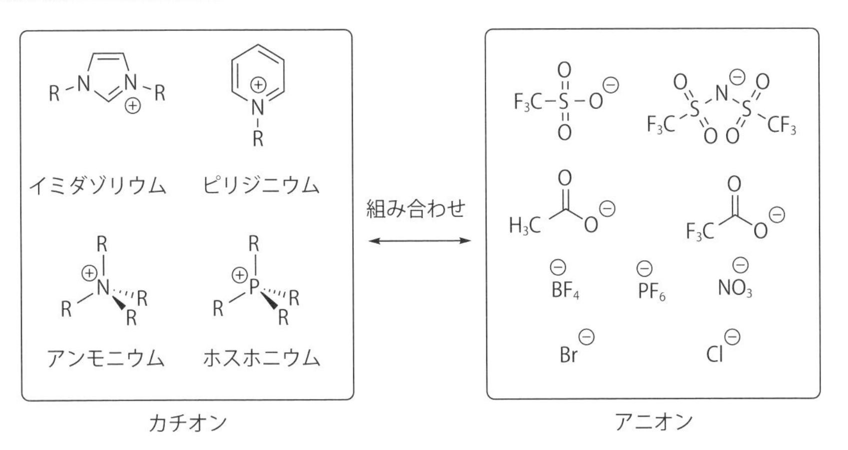

図5-16　イオン液体の構造

物質の抽出溶媒としても広く用いられている。例えばコーヒー豆からのカフェイン除去、ホップや香油の抽出、廃棄物のリサイクルなどで利用されている。

新しい溶媒には利点もあるが、有機化学工業で使う場合は経済的欠点もある。すでに示した例のシレンやイオン液体は、既存の溶媒に比べ高価であり、超臨界二酸化炭素では大型のポンプやコンプレッサーなどの設備投資が必要となる。ラボスケールでの有効性が確認されている新溶媒であっても、スケールアップをすると予期せぬ問題も起こりえるため溶媒選定は慎重に行わなければならない。

さらに、反応に使う溶媒に加え、溶媒は物質の分離や回収にも大量に使われている。有機合成における、副生物、副産物、不純物などから目的の生成物を分離するために溶媒は用いられる。例えば生産プロセスで使う大型分取クロマトグラフィーは、移動相（溶媒）や固定相（ゲル）を大量に利用するため、使用後には大量の廃棄物が発生する。これらの課題を解決することも、化学プロセス全体のグリーン化度を向上させる実践になる。

また、新溶媒の採用には以下の項目を満足させる必要がある。

- 反応効率は向上または、現状維持しているか。
- 反応と生成物分離の効率の品質は保たれているか。

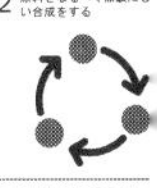

- 溶媒の分離、回収の効率は向上したか。
- Eファクターは低くなったか。
- 危険性（健康、火災、事故のリスク）は改善したか。
- リサイクルの可能性や使用量を減らせるか。
- 再生可能資源から作られているか。

GCに適した溶媒の選定方法として、CHEM21オンライン学習プラットフォームがある[注釈3]。主にファインケミカル製品や医薬品の製造に重点を置いた無料のガイドなども用意されており、これらを参考にすることで環境に配慮した溶媒選定が可能となる。

ポイント

- ☑ グリーン化度を向上させることのできる溶媒が求められている。
- ☑ 水、シレン、イオン液体、超臨界二酸化炭素などの新しい溶媒の開発が進んでいるが、有機化学工業で使うには課題もある。

注釈1 Volatile Organic Compound

注釈2 Suspended Particulate Matter

注釈3 http://www.chem21.eu/project/chem21-solvent-selection-guide/

5-5 触媒

有機化学工業で行われている90%以上の化学合成に触媒反応が用いられており、現代の有機化学工業の発展は、触媒の貢献なくしては達成できなかった。触媒は、1894年にフリードリヒ・ヴィルヘルム・オストヴァルト（ドイツ）によって「化学平衡は変えずに、反応速度を増大させるもの」と定義された。これが触媒化学のスタートであり、オストヴァルトを筆頭に触媒の研究でノーベル賞を授与された化学者は28名もいる。

触媒は化学の発展と人類へ大きな貢献を与えた化学物質である。GC12原則の第9条で触媒の利用が求められているが、反応効率を向上させるという意味から第1、2、3、5条の実践にも関係する。

オストヴァルトが唱えた触媒の定義は「原理的に可能な反応を効率的に実現させるもの」と解釈することもできる。効率を向上させる理由として、触媒は反応基質から目的物へ変わる（反応する）際の、活性化エネルギー注釈1を下げる力を持っている（**図5-17**）。また、触媒自体は反応前後で化学的変化を起こさず、リサイクルができることから経済的かつ環境に優しいプロ

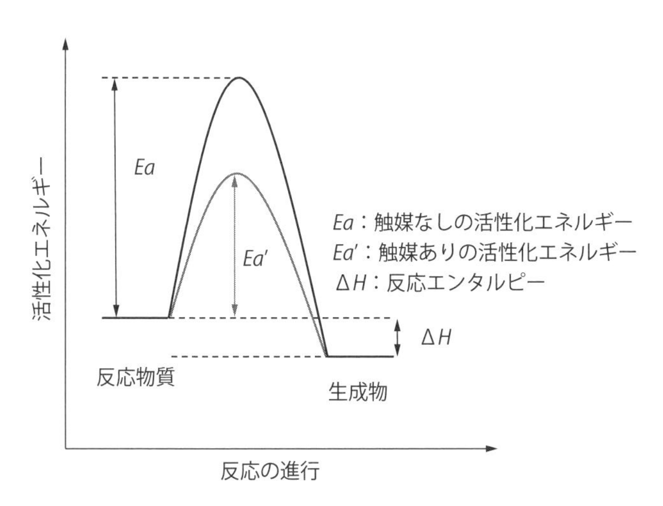

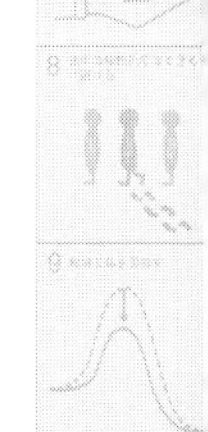

図5-17　触媒の有無による活性化エネルギーの違い

セスを実現できる。

活性化エネルギーを下げる例として、エチレンオキシドの生産では、銀（Ag）触媒中でエチレンと酸素を250℃の温度で加熱をして合成を進めている。銀触媒を入れないと250℃の熱エネルギーだけでは活性化エネルギーを超えることができないため、エチレンオキシドは生成しない（**図5-18**）。一方でこれを無理に反応させるため、活性化エネルギー以上の加熱をすると、エチレンが燃焼してしまい二酸化炭素と水に分解されることから、やはりエチレンオキシドは生成しない。

触媒は、均一系触媒と不均一触媒に大別することができる。均一系触媒とは溶液中に触媒と反応物が溶け込んでいる触媒（単一の相で機能する）であり、不均一触媒とは触媒が固体で反応物が気体や液体などの相状態の触媒（相境界で機能する）を指す。大規模な生産をする有機化学工業では、多量の化学物質を製造するため、後工程で容易に触媒を分離回収できることから、約80％の触媒が不均一系触媒である。一方で医薬品合成など、複雑な有機分子の合成には、多数の反応と精密性が求められるため、活性点の選択性が高い均一系触媒が用いられる。均一系と不均一系触媒の特徴と一般的形態を**図5-19**にまとめた。

均一系触媒の代表的な例として、チーグラー・ナッタ触媒や、Hoechst-Wacker法や鈴木・宮浦カップリング法で用いられるPd触媒、DuPont法などで用いられるNi触媒、COのエチレングリコールへの還元的カップリン

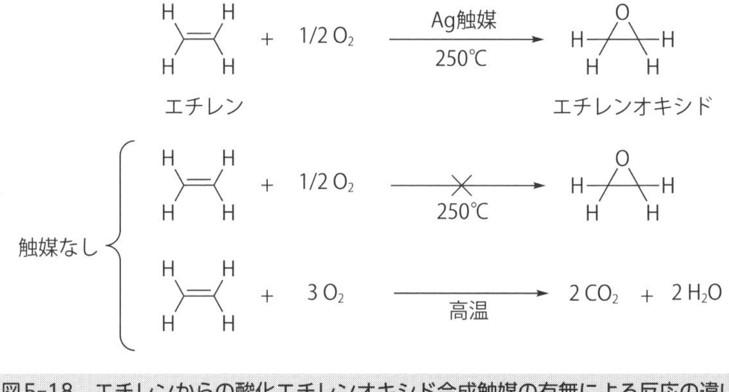

$$\mathrm{H_2C{=}CH_2} + 1/2\,O_2 \xrightarrow[250℃]{\text{Ag触媒}} \text{エチレンオキシド}$$

エチレン　　　　エチレンオキシド

触媒なし

$$\mathrm{H_2C{=}CH_2} + 1/2\,O_2 \xrightarrow[250℃]{\times} \text{エチレンオキシド}$$

$$\mathrm{H_2C{=}CH_2} + 3\,O_2 \xrightarrow[\text{高温}]{} 2\,CO_2 + 2\,H_2O$$

図5-18　エチレンからの酸化エチレンオキシド合成触媒の有無による反応の違い

	均一系触媒	不均一系触媒
特徴	・溶ける触媒 ・低温で使用（＜200℃程度） ・反応の選択性高い	・固体触媒 ・高温で作動 ・反応の選択性低い
一般的形態	・有機分子 ・有機金属錯体 ・酸塩基	・合金 ・金属担持触媒 ・複合触媒（酸化物）

図5-19　均一系と不均一系触媒の特徴と一般的形態

グ、不斉触媒反応、水素化反応、異性化反応、酸化反応などで用いられるRh触媒やRu触媒などが挙げられる。

不均一系触媒の代表例は、ハーバーボッシュ法で用いられるK_2O–Fe_3O_4/Al_2O_3触媒や、自動車排ガス処理触媒の三元触媒であるPt/Pd/Ru触媒が挙げられる。また、1967年に東京大学の本多健一と藤島昭が報告した、二酸化チタン光触媒も不均一系触媒である。

5–3節で示したようにバイオマス系原料を商業ベースの化学プロセスで有効的に使うにはバイオリファイナリーの効率が重要であるが、バイオリファイナリーの達成には新しい触媒の開発が不可欠である。また、フロログルシノールの例（4–3節）から分かるように、グリーン化度を下げている要因は、酸化剤、還元剤、酸や塩基の形の無機試薬を使用することにあり、これを触媒に変えることで改善ができる。

GC12原則の第9条で指定されている触媒ではあるが、触媒や溶媒が反応後に大量廃棄物となる場合は、GC12原則の第1、2条に反してしまうことになるので注意が必要である。

ポイント

- ☑ 触媒の使用はグリーン化度を高める必須要因である。
- ☑ バイオマス系原料の実用性は触媒の開発が重要因子である。

注釈1　反応の出発物質の基底状態から遷移状態に励起するのに必要なエネルギー

5-6 グリーン化度の高い反応

GC12原則の第1条に示されている「廃棄物を出さない化学プロセス」を実践するには、使用する化学反応を選ぶことも重要である。適切な化学反応の選択はGC12原則の第2、8条を実行することにもなる。グリーン化度の高い化学プロセスの例として、付加反応や転位反応が挙げられる。

付加反応は二重結合や三重結合（不飽和結合）をもつ分子に活性の高い分子が付加する反応の総称で、求電子付加反応（アルケンのブロモ化など）、求核付加反応、ラジカル付加（非極性付加反応）、水素添加（還元）反応などが含まれる（**図5-20**）。

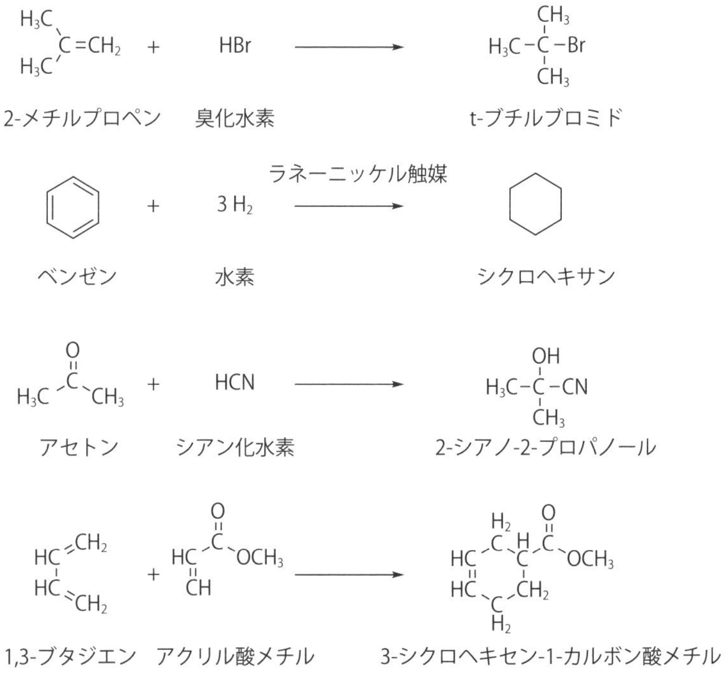

$(H_3C)_2C=CH_2$ + HBr → $H_3C-C(CH_3)_2-Br$

2-メチルプロペン　臭化水素　t-ブチルブロミド

ベンゼン + 3 H_2 →（ラネーニッケル触媒）シクロヘキサン

ベンゼン　水素　シクロヘキサン

$H_3C-CO-CH_3$ + HCN → $H_3C-C(OH)(CH_3)-CN$

アセトン　シアン化水素　2-シアノ-2-プロパノール

$HC(=CH_2)-HC=CH_2$ + $CH_2=CH-CO-OCH_3$ → $C_6H_9-CO-OCH_3$

1,3-ブタジエン　アクリル酸メチル　3-シクロヘキセン-1-カルボン酸メチル

図5-20　付加反応の例

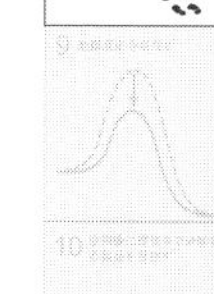

これらの反応では、アルケン（C＝C）やアルキン（C≡C）の炭素と炭素の多重結合、あるいはカルボニル基の炭素と酸素の不飽和結合などに対して分子が付加する。これらの反応は基質がすべて使用されるため、原子の利用率も100％となり、もし収率が100％で進行すれば、副生成物も発生しない。したがって、副生成物の除去、保管、リサイクル、廃棄処理などが不要になる。しかし実際には、反応するどちらかの分子を過剰使用することが一般的であり、理想的な原子利用効率を得ることは難しい。

また、付加反応の中で工業的によく使われる合成に環化付加反応がある。共役ジエンにアルケンが付加して６員環構造を生じるディールス・アルダー（Diels・Alder）反応がその代表的なものだと言える。ジエン化合物と二重結合を有する求ジエン体（ジエノフィル）分子が反応して環状生成物になる。ほかにもペリ環状反応、イオン性反応、ラジカル反応、有機金属触媒でも環化付加反応を行うことができる。

転位反応は化合物を構成する原子または原子団が結合位置を変え、分子構造の骨格を変化させる反応の総称で、分子式は同じであるが化学構造が変化する反応をいう。この反応では、原料分子と最終分子で原子の組成が変わらないため廃棄物が生成しない。

転位反応には様々な種類があり、その中でも自己の分子骨格内で官能基が移動する分子内転位や、ある分子の官能基が解離して異なる分子に移動する分子間の転位がある（**図5-21**）。反応機構としては、求核転位、求電子転位、シグマトロピー転位、ラジカル転位などに分けることができる。

しかし付加反応や転位反応であっても、再利用ができない触媒や溶媒を用いればグリーン化度は低くなる。また、医薬品合成のように多段階合成などを必要とする複雑な分子の合成では、実際の有機化学工業では予期せぬ副反応も進行することがあり、分子内の特定の官能基のみを選択的に反応させ、それ以外の部位を反応させないための保護基を導入するなどの対処が求められる。これらの保護基は反応後に除去するため、保護や脱保護の工程でグリーン化度が下がってしまうこともある。

例えばケトン部位とエステル部位を有する化合物のエステル部位のみをアルコールまで還元したとする。還元剤に水素化アルミニウムリチウム（$LiAlH_4$）を利用すると、ケトン部位とエステル部位が同時に還元されてし

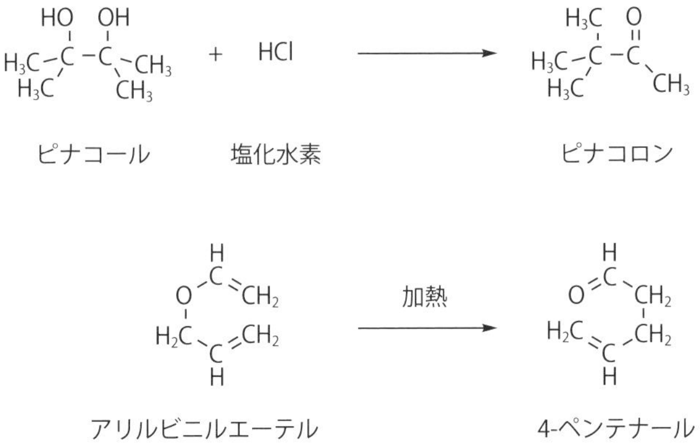

HO　OH
$H_3C-C-C-CH_3$
H_3C　CH_3
＋　HCl
H_3C　O
$H_3C-C-C-CH_3$
H_3C

ピナコール　　塩化水素　　ピナコロン

H
$O-C=CH_2$
$H_2C-C=CH_2$
H
加熱
H
$O=C-CH_2$
$H_2C=C-CH_2$
H

アリルビニルエーテル　　4-ペンテナール

図5-21　転位反応の例

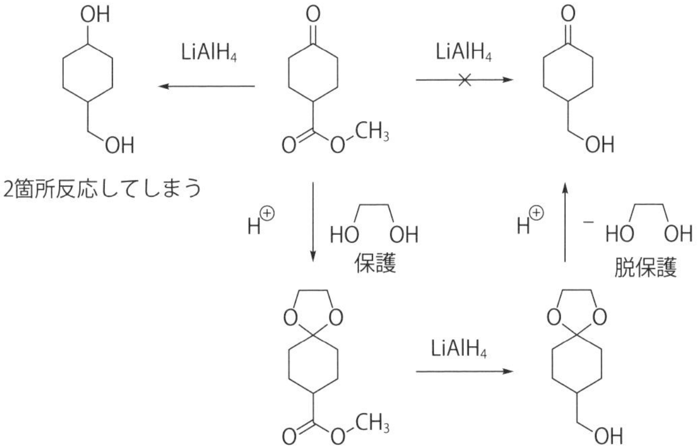

OH　$LiAlH_4$　O　$LiAlH_4$　O
OH　O　O　CH_3　OH

2箇所反応してしまう

$H^{\oplus}$　HO　OH　保護

$H^{\oplus}$　－　HO　OH　脱保護

O　O　$LiAlH_4$　O　O
O　O　CH_3　OH

図5-22　保護や脱保護反応の例

まう。そのため、ケトン部位が還元されないようにエチレングリコールを用いてアセタール化させ、ケトン部位を「保護」した後、還元反応を行うことでエステル部位のみをアルコールとすることができる（**図5-22**）。

還元反応後にアセタールを「脱保護」することで、最終的に望みの化合物を得ることができるが、これら多段階の工程となることでグリーン化度は低下してしまう。さらに反応そのものが高いグリーン化度であっても、均一触媒の利用や溶媒の問題なども考慮する必要がある。

ポイント

- ☑ グリーン化度の高い化学反応は付加反応や転位反応、保護や脱保護反応である。
- ☑ これらの反応を使用しても再利用できない触媒や大量の溶媒の使用、望まない副反応があるとグリーン化度は低くなる。

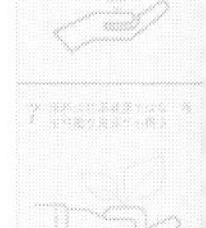
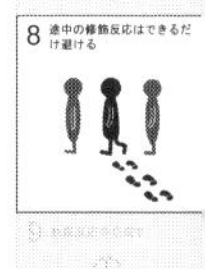
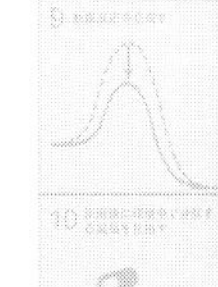

5-7 グリーン化度の低い反応

付加反応や転位反応と比較して、グリーン化度の低い反応は置換反応や脱離反応である。置換反応は有機化学反応の中で最も基本的な反応の一つで、反応物の電子的性質によって求核置換反応、求電子置換反応、ラジカル付加反応に分類できる。求核置換反応は、電子豊富な求核試薬が電子不足な原子を求核攻撃し、一方で求電子置換反応は電子不足の求電子試薬が電子豊富な原子を求電子攻撃する。ラジカル置換反応も、反応性の高いフリーラジカルの求核性や求電子性の違いはあるが、総じてラジカル置換反応という。

例えば求核置換反応としてフェノールとヨードメタンを用いたアニソールの合成反応を考えると、アニソールのほかにヨウ化水素が副生成物として発生する（**図5-23**）。すなわち、置換反応では、合成が収率100%進行したとしても、必ず副生成物が発生する点でグリーン化度は低くなる。また、有機化学工業ではフェノールの求核性を高めるために脱プロトン化を促進することや、生成するヨウ化水素を中和するために当量の塩基も使用するため理論的以上にグリーン化度は低下する。

中にはベンゼンのニトロ化反応のように、副生成物が水しか発生しないグリーン化度が高い反応もある。しかし工業的なスケールでは、酸を中和するために大量の塩基を必要とし、さらに強酸は金属を、強塩基はガラスを腐食するため、反応釜の腐食対策や作業員の防護の対策が必要となる。

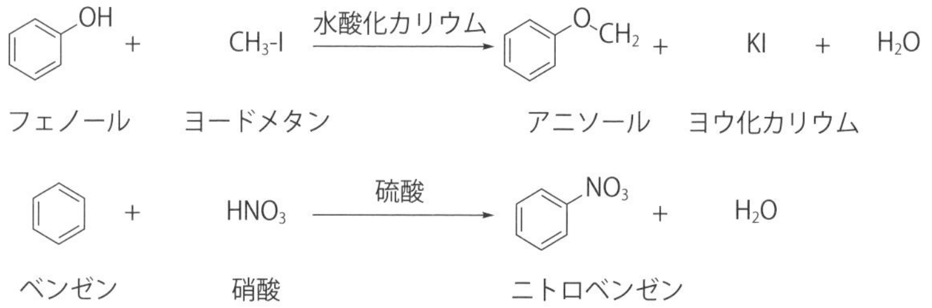

$$\text{フェノール} + CH_3\text{-}I \xrightarrow{\text{水酸化カリウム}} \text{アニソール} + KI\,(\text{ヨウ化カリウム}) + H_2O$$

(フェノール: OH付きベンゼン環、ヨードメタン: CH_3-I、アニソール: O-CH_2付きベンゼン環)

$$\text{ベンゼン} + HNO_3\,(\text{硝酸}) \xrightarrow{\text{硫酸}} \text{ニトロベンゼン} + H_2O$$

(ニトロベンゼン: NO_3付きベンゼン環)

図5-23　置換反応の例

従来の置換反応では、反応効率や選択性を向上させるため、ブロモ基やヨウ素基などの反応性の高い脱離基を導入する必要があった。この手法は著しくグリーン化度を下げるだけではなく、全体の化学プロセスの中にハロゲン化工程を追加する問題や、置換反応後に生じるハロゲンの廃棄物処理の問題が生じるため、炭素ー水素結合の官能基化反応が開発された（**図5-24**）。有機金属錯体触媒によって、ハロゲン化物の調製工程を経ずに、炭素ー水素結合の直接的な官能基化を可能とする方法である。

脱離反応は隣り合う炭素原子についた原子団が、イオン性の解離（ヘテロリシス）またはラジカル性の解離（ホモリシス）により脱離し、炭素原子間の結合次数が上がる反応の総称であり、付加反応の逆方向の反応をたどる。そのため、脱離反応では、脱離する物質のリサイクルができない限りグリーン化度は低くなる。例えば還元反応の逆反応である酸化反応においても、理論的には分子から水素が脱離するだけであるが、実際には酸化剤を使用するため多量の廃棄物が発生する。

中には脱離反応を用いてもグリーン化度が低くならない反応もある。例えばフェノール樹脂を合成するために、その原料としてフェノールの合成をク

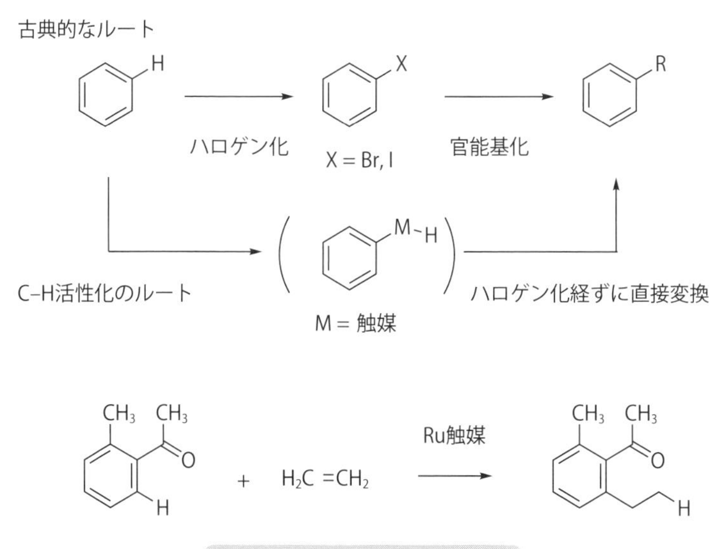

図5-24　C–H官能基化反応の例

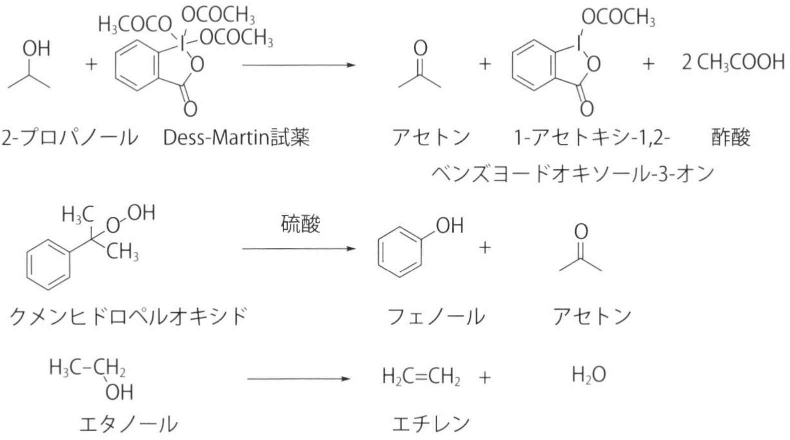

2-プロパノール + Dess-Martin試薬 ⟶ アセトン + 1-アセトキシ-1,2-ベンズヨードオキソール-3-オン + 酢酸（$2\ CH_3COOH$）

クメンヒドロペルオキシド —硫酸⟶ フェノール + アセトン

$H_3C{-}CH_2OH$（エタノール） ⟶ $H_2C{=}CH_2$（エチレン） + H_2O

図5-25　脱離反応の例

メンヒドロペルオキシドの酸触媒分解によって行うが、ここではアセトンが副生成物として発生する（**図5-25**）。しかしアセトンは溶媒など、多用途で使うことができるため、工業的にはグリーン化度の高い反応と言える。さらに、エタノールの脱水反応でエチレンを作る場合、副生成物が水しか発生しないグリーン化度が高い反応もある。

置換反応や脱離反応は、理論的にはグリーン化度の低い反応と言えるが、実際の有機化学工業では副生成物が有用な製品になることもあり、一概に反応候補から除外する必要はない。またグリーン化度は化学プロセス全体として評価するため、これらの反応が一概にグリーン化度が低いと判断されるわけではない。

ポイント

- ☑ グリーン化度の低い化学反応は置換反応や脱離反応である。
- ☑ 置換反応や脱離反応であっても、副生成物の有効利用ができればグリーン化度は下がらない。

5-8 分離技術が抱える問題と改善

有機化学工業において、分離操作は合成操作と同様の重要な化学プロセスである。分離とは複数の物質が混ざっている状態から特定の物質を取り出す操作で、物質間の化学的特性や物理的特性の差を利用する。分離技術は、相変化（蒸留、ろ過/晶析、昇華など）や速度差（膜分離など）を伴う物理的分離と、分離剤（抽出、イオン交換、吸着など）を使用する化学的分離に分けることができる。

有機化学工業でも、大量物質の分離に使われるものとして蒸留がある（**図5-26**）。混合物の沸点差を利用して化合物を分離する手法で、最も実績のある分離技術である。例えば原油精製では沸点差を利用してLPGやナフサ、灯油、軽油、重油などに分離しているが、これは技術的な障壁が低く、安定した運用が期待できることにも由来している。

ろ過とは液体と固体を分離する（広義には気体と固体の分離も含む）技術で、混合物の融点や溶解度の違いを利用し、液相中の固形物をフィルターで分離する。一方で、晶析は目的生成物の溶媒に対する溶解度の温度依存性を利用して、溶液中の目的物を結晶化（固体化）させ分離する。晶析では目的

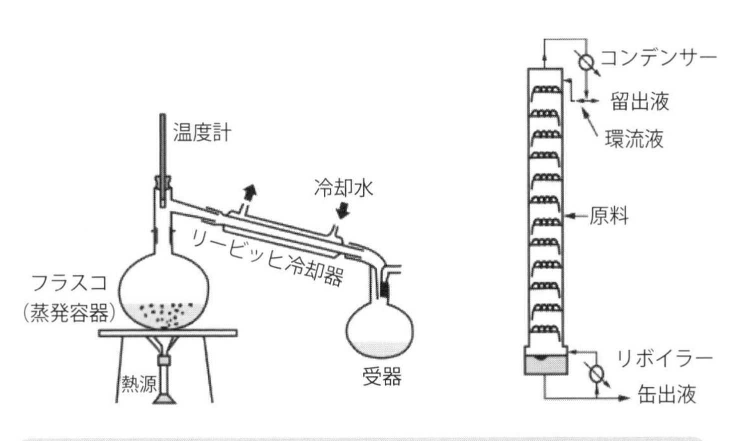

図5-26　実験室における蒸留装置（左）と工業用蒸留塔のイメージ（右）

物が結晶化することから、高い純度の目的物を固体で得られる利点があり、医薬品など光学異性体などの分離に利用される。

抽出は混合物の特定成分だけを溶かす溶媒を入れて分離する操作で、古くは天然物から薬効成分や香料を分離するために行われてきた。有機合成では、固体試料を溶媒に浸漬し目的成分を溶媒中に分離させる「固/液抽出」、水と非極性有機溶媒が含まれた二層溶媒中で液体試料の極性を利用して分離させる「液/液抽出」、酸塩基反応を用いて、物質を分離する「酸塩基抽出」がある。

吸着は気体や液体の混合物から目的物または不純物を吸着剤へ選択的に吸着させることで分離を行う。静電気的な吸着や細孔サイズを利用して吸着分離を行う。

多くの有機化学工業では一度に大量の混合物を処理することが多く、分離工程にはエネルギーの大量消費や溶媒の大量使用が問題となり、積極的な新しい分離技術が求められてきた。例えば莫大な熱エネルギーを消費する蒸留分離の代替えとして膜分離の開発が進められている。物理的（穴のサイズなど）あるいは化学的（吸着性など）に選択性を持つ隔壁（膜）に、液体または気体の試料を圧力差で通過させ、目的物を濾(こ)し分ける方法である。有機化学工業における生成物の分離では開発段階であり、コストなどの課題があるが、すでに二酸化炭素の捕獲や水素の精製などの分離技術として使用されている。

ポイント

☑ 分離工程は有機化学工業における重要な操作であるが、エネルギー消費や大量の溶媒使用に対して課題がある。

5-9 乾燥技術

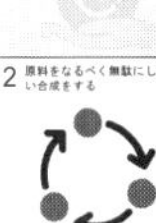
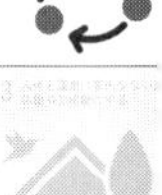

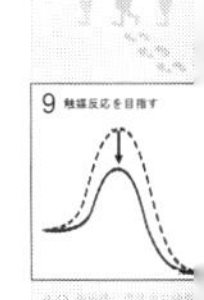

乾燥とは、物質から水分や溶媒を除去する操作で、反応や分離と同様に有機化学工業の重要な工程である。伝統的な乾燥技術には、空気乾燥、真空乾燥、凍結乾燥、スプレー乾燥などがあり、物質の性質や目的によって様々な方法の中から選ぶことができる。

空気乾燥とは、空気を物質に吹き付ける乾燥法で、効率は低いがエネルギーをほとんど必要としない利点がある。ただし、化学物質の中には空気中の酸素によって分解、変性してしまうものも多く、その場合には窒素や、アルゴンなどの不活性ガスを吹き付けることもある。

真空乾燥とは、系全体を減圧にすることで水分や有機溶媒の沸点を下げ、蒸発させる方法であり、熱に敏感な物質や溶剤を大量に含む物質の乾燥に適している。しかし、大量の化学品を乾燥させるためには大型の排気ポンプを設ける必要があり、スペース、コスト、騒音の観点から不向きとされてきた。

GCの観点から、製品の品質や効率を維持した上で乾燥に必要なエネルギーの省エネ化や乾燥時間の短縮が経済的優位性に加え、GC12原則の第6条からも求められている。これを実行する方法として超音波乾燥やマイクロ波乾燥がある。

超音波乾燥とは、超音波霧化分離とも呼ばれる分離技術を利用した乾燥法であり、溶液を超音波振動により微細な液滴（ミスト）に変化させ、生成したミストの重量を利用して分離する（**図5-27**）。熱を必要としないこの方法は、熱に弱い物質にも利用できる特徴を有している。エタノール水溶液、石油などの分離濃縮などに利用されている。

マイクロ波乾燥は、電子レンジなどに使われるマイクロ波（電磁波；2.45 GHz）を試料に照射することで、溶媒を効率的に加熱蒸発させる乾燥法である。ヒーターやスチームを用いた加熱法とは異なり、伝熱を必要とせず、試料へ直接マイクロ波エネルギーを与えることができることから、省エネ的に短時間乾燥が可能になる。また、大量の乾燥を内部から行うこともで

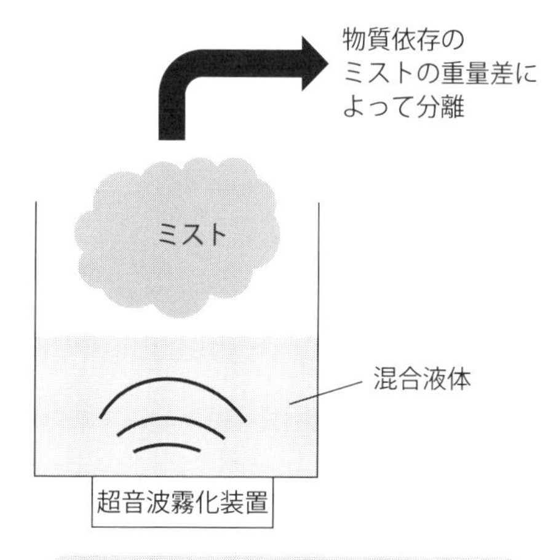

図5-27　超音波霧化分離法のイメージ

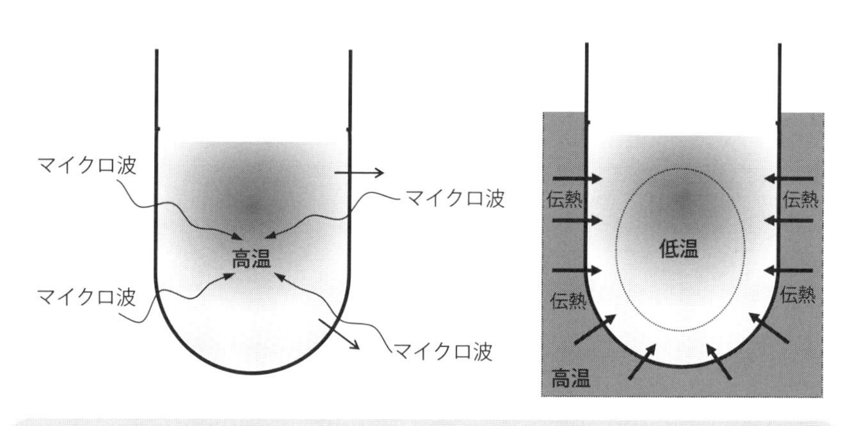

図5-28　マイクロ波加熱による内部加熱（左）と既存加熱による外部加熱の温度分布のイメージ（右）

き、既存の乾燥法ではできなかった乾燥が達成できる（**図5-28**）。さらに、温度コントロールが詳細に行えることから熱に弱い化学物質の乾燥にも適している。

例えば生物由来の化学原料に含まれている有機溶剤を乾燥させるには、高温での加熱による化学原料の劣化があるため、既存法（熱風乾燥）では30

時間の乾燥時間が必要であった。しかしマイクロ波乾燥を用いることで、同様の含油量に乾燥させるために１時間の乾燥で達成できた実用例もある。

これらの新しい乾燥技術は、エネルギー効率の改善だけでなく、製品の品質向上や化学プロセスの短縮にも寄与し、製品の価値を高めている。また、マイクロ波は化学反応の熱源としても利用されており（マイクロ波化学）、マイクロ波化学により、「反応時間の著しい短縮」、「選択性の向上」、「無溶媒合化」、「触媒反応の高効率化」などが達成でき、GC12原則の第2、5、9条を実行できる手段として期待されている。

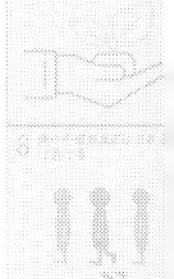
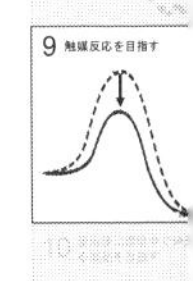

ポイント

- ☑ GCに配慮した乾燥法は短時間化や省エネ化ができる方法である。
- ☑ 超音波乾燥やマイクロ波乾燥などの新しい乾燥技術が産業応用されている。

5-10 マテリアルズ・インフォマティクス

マテリアルズ・インフォマティクス（Materials Informatics：MI）は、情報科学を用いて材料開発を高めるアプローチで、新しい材料の探索、開発、最適化を効率的に行うことができる。具体的には、実験データや論文などのビッグデータ（日々生成される多種多様なデータ群）を機械学習、統計学、高速計算といった情報科学の手法を利用することで、物質の構造と性能の相関関係を理解し、新たな材料の設計や既存の材料の性能改良を支援することができる。

MIが世界的に注目されるようになったのは、2011年にオバマ米大統領主導で始まった国家プロジェクト「マテリアルズ・ゲノム・イニシアチブ（MGI注釈1）」からである。従来の化学物質の開発では、研究者の「経験、知識、スキル」に頼って材料を開発するため、開発に数十年の期間を要することもあった。MIを使うことで過去の論文データを機械学習で分析させ、さらに原子配列の特質を計算することで「研究者の質」に頼ることなく、予測だけで製品の試作を完結することができる。

MIを活用した研究開発は、「データの収集」「データの整理」「コンピュータによる解析」で構成されている。データの収集には、ハイスループットスクリーニングやコンビナトリアルケミストリーといった手法を使う。ハイスループットスクリーニングは、自動化された実験技術を用いて、大量の材料や条件を同時に評価し、効率的に最適な組成や製造条件を収束的に見つけ出す手法である（**図5-29**）。

一方、コンビナトリアルケミストリーは、組み合わせ論に基づいて列挙し、設計された一連のケミカルライブラリーを系統的な合成経路で効率的に多品種合成し、それぞれの性能を評価することで、新たな材料や物性を発散的に探索する実験法である。いずれの実験方法においても、短時間で膨大な数のデータを集めることができる。

次に、これらの実験データや文献などのデータを整理する。この整理には形式の変換、データ構造化、不正確や一貫性のないデータ除外（クレンジン

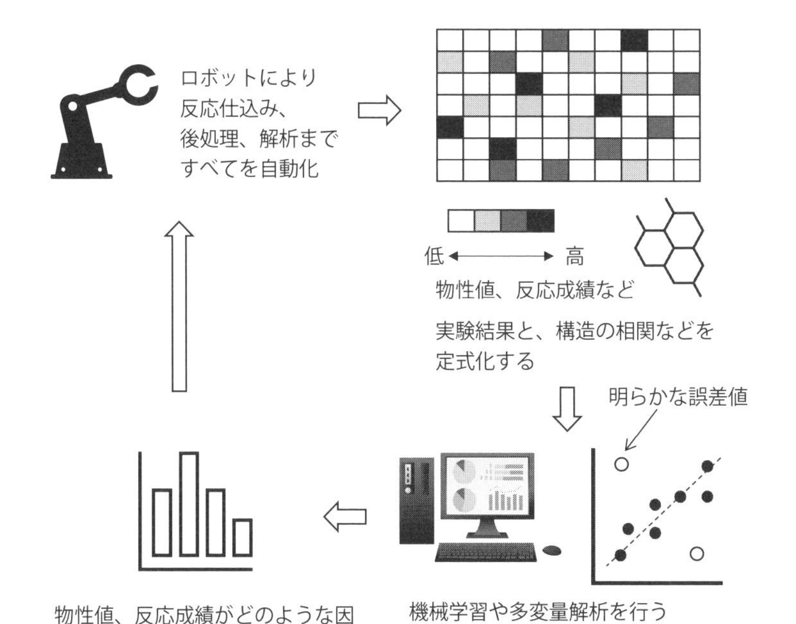

図5-29　マテリアルズ・インフォマティクス（MI）の進め方のイメージ

グ）も含まれる。構造化されたデータは、機械学習や多変量解析といった統計学的手法を用いて解析し、物性発現の相関関係を明らかにする。

GC12原則では様々な因子を加味し、物質や合成化学プロセスの選択を行わなければならない。こういった状況は、熟練者の経験や技術に頼ってきたが、MIにこの機能を持たせることで、GC12原則全てを実行するための強力なツールとなる。

ポイント

- ☑ MIは情報科学を活用して、熟練者に頼ることなくGCを実践した有機合成化学工業を進めるための補助手法である。

注釈１　Materials Genome Initiative

化学産業における
グリーンケミストリー

6-1 化学産業

化学産業は素材産業であり、化学反応を通じて様々な製品を製造しており、石油や天然ガス由来の物質を、合成や重合などの化学反応を繰り返すことで製品を生みだしている。現在の化学製品の出発原料はエチレン、プロピレン、ブタジエン、ベンゼン、トルエン、キシレンであり、これらの生産量は化学産業の活気を表す指標になっている。

化学産業は「上流と中流」「下流」の2つの主要なセグメントに分けることができる（**図6-1**）。「上流と中流」には化学肥料工業製造業、有機化学工業製造業、無機化学工業製造業がある。化学肥料工業製造業では、アンモニア系肥料、石灰窒素肥料、りん酸質肥料が含まれ、有機化学工業製造業では石油や天然ガスからエチレンなどを取り出し、様々な生産工程を経て、合成樹脂、合成繊維原料、合成ゴムなどの化成品を製造する。無機化学工業製造業は有機物以外の原料や副原料、反応剤などの製造が含まれる。

一方で「下流」では油脂化学工業、石けん、合成洗剤、界面活性剤、塗料、医薬品、化粧品、その他の製造業が含まれる。

化学産業は、広範で多様な製品を供給するため、上流から下流にかけ細分

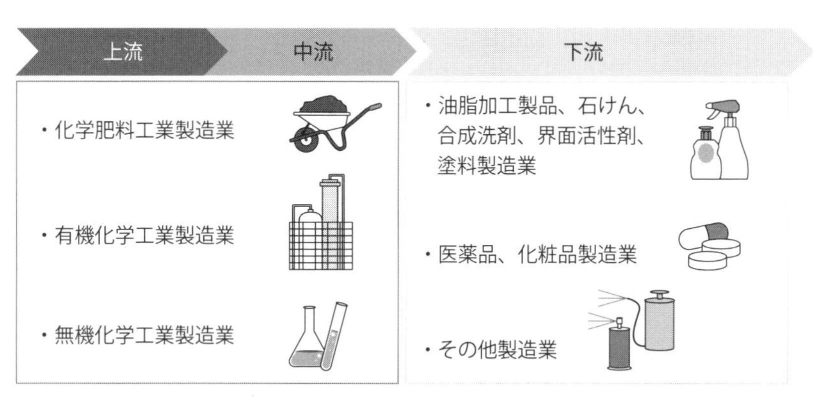

図6-1　化学産業の2つのセグメント

化分業がされており、各段階で異なる工程や加工が行われている。例えば有機化学工業製造業の中の石油化学プロセスでは、上流では原油精製の副産物である「ナフサ」を高温で熱分解（クラッキング）することで石油化学基礎製品（エチレン、プロピレン、ブタジエン、ベンゼン、トルエン、キシレン）を作る工程である（**図6-2**）。中流ではこれらの石油化学基礎製品を石油化学誘導品工場（中間製品工場）に作り替える工程で、例えばエチレンは石油化学誘導品工場で重合し、ポリエチレンに作り変える工程などが該当する。さらに下流では、ポリエチレンをプラスチック製品（最終製品）に作り変える。

下流では特殊かつ少量生産で済む機能性化学品（例えば医薬、農薬、化粧品）から、プラスチックなどの少品種大量生産品まで幅広い製品を生産するが、これらの中で機能性化学品を総称して「ファインケミカル」と言い、少品種大量生産品を「バルクケミカル」と言う。また、バルクケミカルには上流から中流までに生産する石油化学基礎製品や石油化学誘導品も含まれる。したがって、バルクケミカルとは標準的な化学プロセスを使用して、自動化

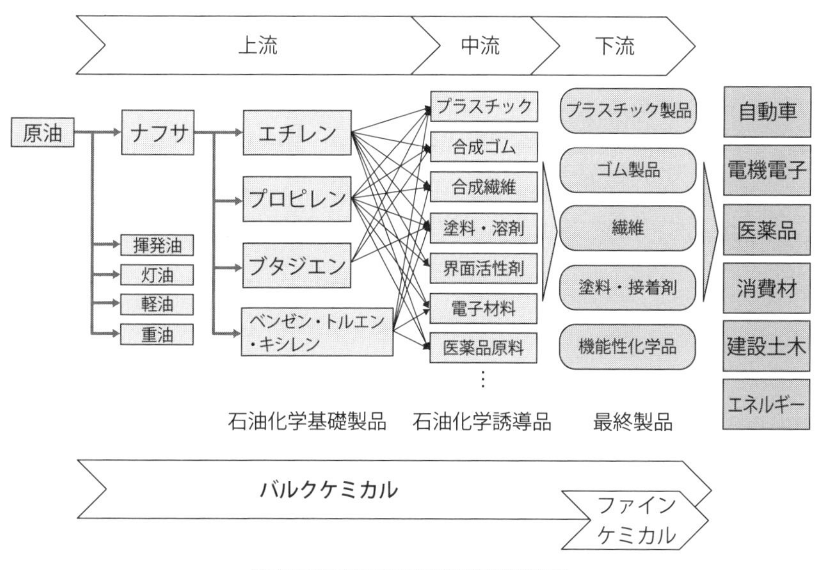

図6-2　石油化学工業の構造[注釈1]

および大規模化した装置によって製造をする化成品の総称を指すことになる。

日本の主要化学メーカーの売上高（2015年）を合算すると、バルクケミカルとファインケミカルは6.25兆円と6.62兆円であり、同様の産業規模を持っている。しかし、バルクケミカルの営業利益は3,680億円であるのに対して、ファインケミカルは7,390億円と2倍の差がある。バルクケミカルの価格は物や製造プロセスのコストが反映されているが、ファインケミカルの価格には機能が反映されているために差が生じる。

バルクケミカルからファインケミカルのいずれの製品も「連産品[注釈2]」であり、これらのサプライチェーン[注釈3]の出発点はナフサであることから、枯渇資源に頼った産業と言える。バルクケミカルやファインケミカルから生まれる製品は、ほとんど他の産業の素材となるため、もしナフサの使用が困難になると、すべての産業に悪い影響を与え、社会の混乱を招く結果となる。こういった問題を回避するには、再生可能資源（バイオマスなど）への切り替えと共に、GCを積極的に取り入れた接続可能な化学プロセスを採用することが求められている（詳細は6–3節）。

ポイント

- ☑ 化学産業は上流、中流、下流に分けて化学製品の生産を行っている。
- ☑ 大量生産品をバルクケミカルといい、少量で特殊機能性化学品をファインケミカルという。
- ☑ ナフサに頼っている有機化学工業製造業は変革が求められている。

注釈1　https://www.meti.go.jp/shingikai/sankoshin/seizo_sangyo/pdf/010_04_00.pdfより改変

注釈2　同一工程において同一原料から生産される異種の製品で、相互に主副を明確に区別できないものを指す

注釈3　製品の原料や部品の調達から、販売に至るまでの一連の流れを指す用語

6-2 バルクケミカルとコンビナート

19世紀から20世紀前半の石炭化学の隆盛期は、石炭由来の芳香族化合物やアセチレンを原料として、脂肪族化合物などの基礎化学原料を生産していた。中でもアセチレンは、コークスと生石灰を2,000℃で加熱して炭化カルシウムを合成し、加水分解を経て生産していた。当時の方法はアセチレンを1トン生産するために、2.8トンの水酸化カルシウムが副生しており、エネルギー多消費でグリーン化度が低い化学プロセスであった。さらに、原料である石炭は採掘や輸送、取り扱いに難があり、こういった問題から石油化学への転換に繋がった。

第二次世界大戦の終結以降は、中東での油田開発が活発化し、それに伴って原油価格が低下したため、石油を基礎化学原料とする技術の開発が本格化し、基礎化学原料はアセチレンからエチレンに代替された。3−2節でも紹介したナフサクラッカー（ナフサ熱分解装置：**図6-3**）は、原油に含まれているナフサを高温で分解し、深冷分離[注釈1]と精製を行うことで、C_1–C_{10}の炭化水素および芳香族炭化水素などの石油化学基礎製品を生産する装置である。

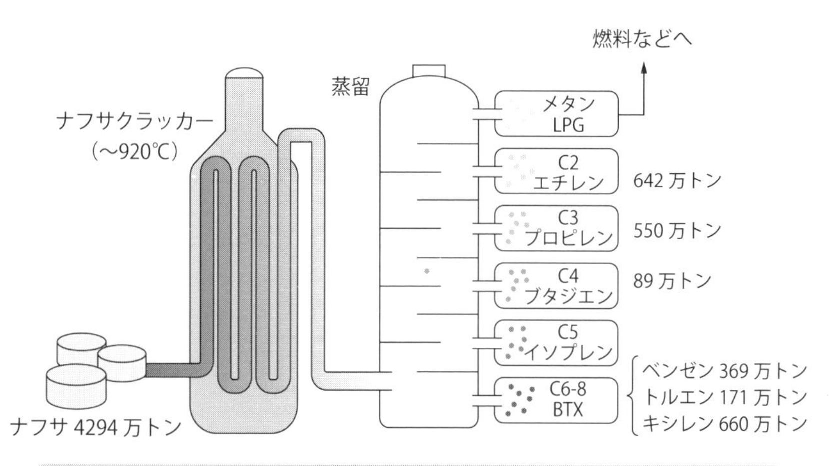

図6-3　ナフサクラッカーと分離される化学物質（トン：2020年の生産量）[注釈2]

石炭化学プロセスから石油化学プロセスへの変換は、基礎化学品が石炭由来から石油由来に変化することを意味し、これに伴い生活関連素材（プラスチック、化学繊維、合成ゴム、洗剤など）の製品群も変化し、これに応じた合成法の開発も行われてきた（**図6-4**）。

石油化学プロセスは、ナフサクラッカーによる基礎化学品の生産だけではなく、その基礎製品を用いた石油化学誘導品までを一貫してコンビナート(工業地帯)注釈3が行う。コンビナートには、①輸入された原油を貯蔵する場所、②石油精製工場、③ナフサ分解工場、④石油化学誘導品工場がパイプラインで繋がれて、連携しながら最終製品を作るための原料が作られているが、こういった集約には様々な利点がある。

例えばナフサクラッカーで生じるメタンなど低価値品は、燃焼させて熱エネルギーとして利用するだけではなく、様々な化学プロセスで熱を使うため、生じた排熱を回収し、コンビナート内の他製品の化学プロセスへ熱エネルギー（蒸気）を供給できる。すなわち、不要な化学物質やエネルギーを

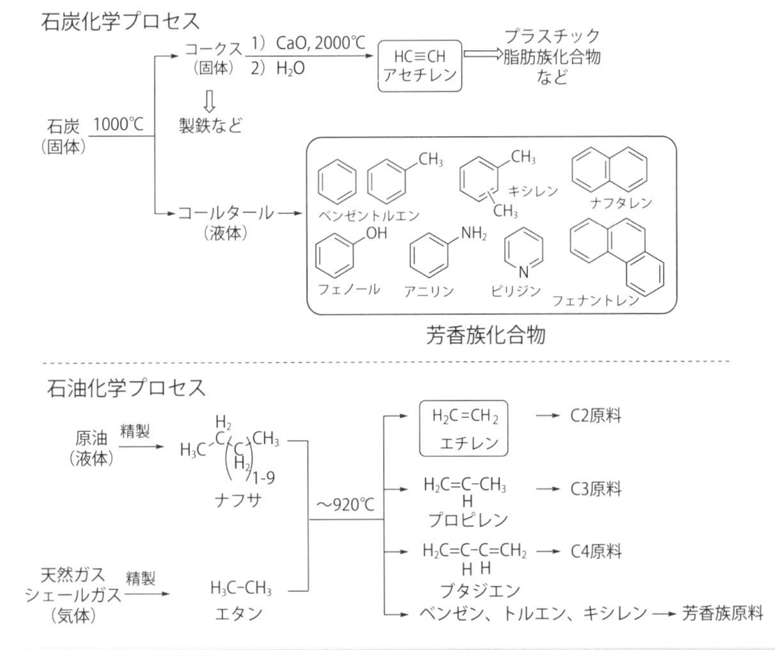

図6-4　石炭化学プロセスおよび石油化学プロセスから得られる石油化学基礎製品の違い

「地産地消」できる利点を有している。

また、コンビナートで使用されている様々な装置は、大規模化や集約化することで必要なエネルギーや生産コストを節約している。さらに、製造工程がオートメーション化されているため、人が化学物質を取り扱うことはなく、装置の運営（管理、保守、点検）が主な作業になる。また、生産能力の向上を図る場合には、別の新プラントを建設するのではなく、既存のプラントサイズを大きくする注釈4。また、化学物質の生産量が多いため、副生物が発生しても、これを有効利用できるようにプロセスやプラントデザインを工夫している。このような工夫が、Eファクターを引き下げている一因となっている。

1970年代には天然ガス田が世界各地で発見され、含有ガスであるエタンをクラッキングすることで、純度の高いエチレンを得ることができるようになった。これに応じて天然ガス原料による化学プロセスを進めることのできるコンビナートがすでに稼働しており、例えばアメリカではシェールガスからエチレンやプロピレンなどの化学品を積極的に生産している。

ポイント

- ☑ 19世紀から20世紀前半は石炭化学製品のアセチレンが基礎化学品であったが、20世紀中ごろからナフサクラッカーで生産される石油化学製品のエチレンへと原料転換していった。
- ☑ 石油化学製品は、エチレン、プロピレンなど基礎化学品から、その誘導品まで一貫してコンビナートで連産する。

注釈1　各成分ガスの液化温度の違いを利用して分離する方法

注釈2　https://www.meti.go.jp/shingikai/sankoshin/green_innovation/energy_structure/pdf/004_04_00.pdf

注釈3　化学物質の効率的な生産を行うため、石油精製や化学合成などの事業所が集まった工業地帯

注釈4　化学工業プラントのコスト概算において、生産能力に2倍の差があるプラントでの設備投資コストは、プラント能力の2倍ではなく0.6乗（＝1.52倍）に比例するという経験則があり、0.6乗則と呼ばれる

6-3 バルクケミカルの問題点と改善

バルクケミカルはEファクターの高い有機化学工業であることを4-3節で説明した。しかし、GCに照らし合わせるとバルクケミカルでは、「原料」「生産過程」「製品のEOL（エンド・オブ・ライフ：製品の寿命）」における工夫が求められている。

「原料」の課題は、その原点が石油や天然ガスなどのコモディティ原料[注釈1]の採掘や、金属類を触媒として使用している点である。これらの原料や触媒は価格が市場の変動に影響を受けやすく、供給不安の問題がある。さらにより安価な原料の要求は採掘開発に伴う環境破壊に繋がることもある。また、再生可能資源に対する様々な新技術が検討されているが、大規模な投資とプロセスの開発要素に課題があり、新技術へ代替えするには長期的な対応が必要とされる。

「生産過程」の課題は、例えばコンビナートで使用されるエネルギーは化石燃料、石炭、プラントから排出されるメタンを燃料として、その結果として多量のCO_2を排出している（**図6-5**）。このため、代替エネルギーの活用やエネルギー高効率化によってCO_2排出量削減が求められている。例えばナフサクラッカーから年間排出されるCO_2の量は6,018万トンであり、工業プロセス全体の18.6%を占める。現在ではコンビナートで使用されるエネルギーを再生可能エネルギーに置き換える試みが行われている。

「EOL後」の課題は、バルクケミカルで生産される製品のほとんどがリサイクル困難な化学物質であるため、使用後には大量の廃棄物が生じ、環境汚染を引き起こす原因となっていることである。特にプラスチックは生分解や経年素材劣化が起こりにくいため、埋め立てても土に還らず、焼却する際には高熱を必要とすることから炉を傷める問題もある。さらに焼却の際に発生するばいじんや酸性ガスが大気汚染や公害の原因になったことから、解決策が長い間求められてきた。

しかし、バルクケミカルを支えるコンビナートプロセスは、長い歴史の中で製法の改善をくり返すことで生産効率を向上させてきた。特に、装置運転

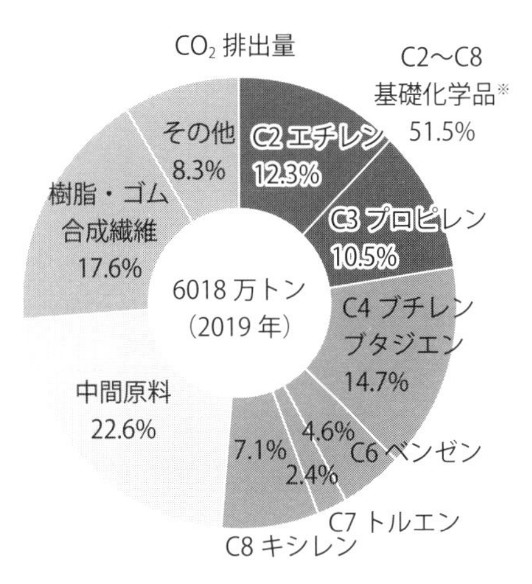

図6-5　ナフサクラッカーから生成した1年間の二酸化炭素排出量 注釈2

に対する安全性の向上、経済的な観点から副生物や廃棄物の削減を進歩させてきた経緯もある。バルクケミカルが抱える未解決の課題についても、さらなる改良によって近い将来解決されることを期待したい。

ポイント

- ☑ **現在のバルクケミカルには、原料、生産過程、EOLに対する課題がある。**

注釈1　石油や貴金属などの人間の活動に使用するために集められ、加工された自然界に存在する材料で経済の基盤となっている

注釈2　https://www.meti.go.jp/shingikai/sankoshin/green_innovation/energy_structure/pdf/004_04_00.pdfより改変

6-4 GCを実践した化学プロセス

グリーンケミストリーとは、『化学製品や合成プロセスの設計において、環境や人間への影響を最小限にしながらも経済的な効率を追求する思考法』であり、ここでは産業で行われている例を紹介する。

バルクケミカルの分野では、カプロラクタムの工業的生産法が例として挙げられる。ナイロン6の原料であるカプロラクタムは、シクロヘキサノンとヒドロキシルアミン硫酸塩によりシクロヘキサノンオキシムを形成し、その後ベックマン転位によりカプロラクタム硫酸塩を合成し、さらにこれを塩基処理することにより得られる。

ヒドロキシルアミン硫酸塩には室温でも急激に分解する性質があるため、取り扱いに注意が必要である。1999年にはコンセプト・サイエンス社工場（アメリカ）で、2000年には日進化工群馬工場で、ヒドロキシルアミン硫酸塩の急激な分解が原因で爆発火災が起こり、この事故により合計8人の作業者が亡くなっている。この工業的手法ではカプロラクタム（製品）1 kgに対して副産物として4.4 kgの硫酸アンモニウムが生成してしまう（**図6-6**）。副生する硫酸アンモニウムは化学肥料の原料にもなるが、その価格は安く、十分に経済性を有していないため、廃棄物と考えることができる。

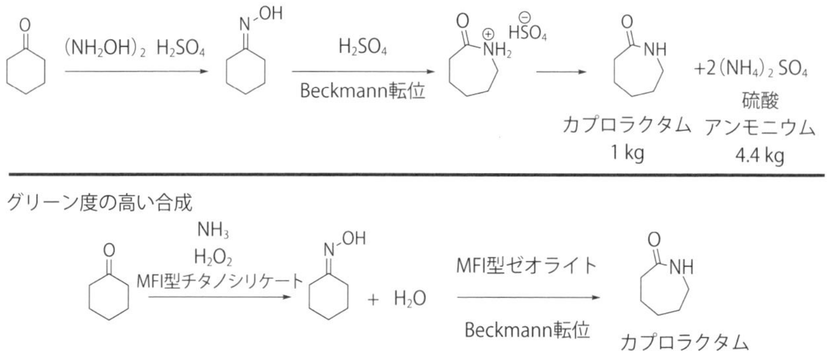

$(NH_2OH)_2$ H_2SO_4 → H_2SO_4 Beckmann転位 → → カプロラクタム 1 kg $+2(NH_4)_2SO_4$ 硫酸アンモニウム 4.4 kg

グリーン度の高い合成

NH_3 H_2O_2 MFI型チタノシリケート → $+ H_2O$ MFI型ゼオライト Beckmann転位 → カプロラクタム

図6-6 カプロラクタムの既存工業プロセスとグリーン度の高い工業プロセス

こういった問題を解決するために、2003年に住友化学は、硫酸アンモニウムを副生せず、かつ安全性の高い製法を開発し、これを工業化することに成功した。具体的には、EniChem社（イタリア）が開発した、シクロヘキサノンとアンモニアおよび過酸化水素をMFI型チタノシリケート触媒（TS-I触媒）存在下で反応させ、直接シクロヘキサノンオキシムを合成する化学プロセスと、独自に開発した高シリカMFIゼオライト触媒を用いた気相ベックマン転位を組み合わせる方法である。

ファインケミカルの分野では、例えば鎮痛剤であるイブプロフェンの工業的製造プロセスが挙げられる。イブプロフェンの生産は、1961年にBoots Pure Drug社（イギリス）によって、6段階の合成を経て開発されたBoots法が工業的に用いられてきた（**図6-7**）。Boots法は、各段階での収率の掛け算である全体収率が低く、さらに各工程で生じる廃棄物の合計が100％の合成収率であったとしても、その1.5倍重量の廃棄物が生成する。また、塩

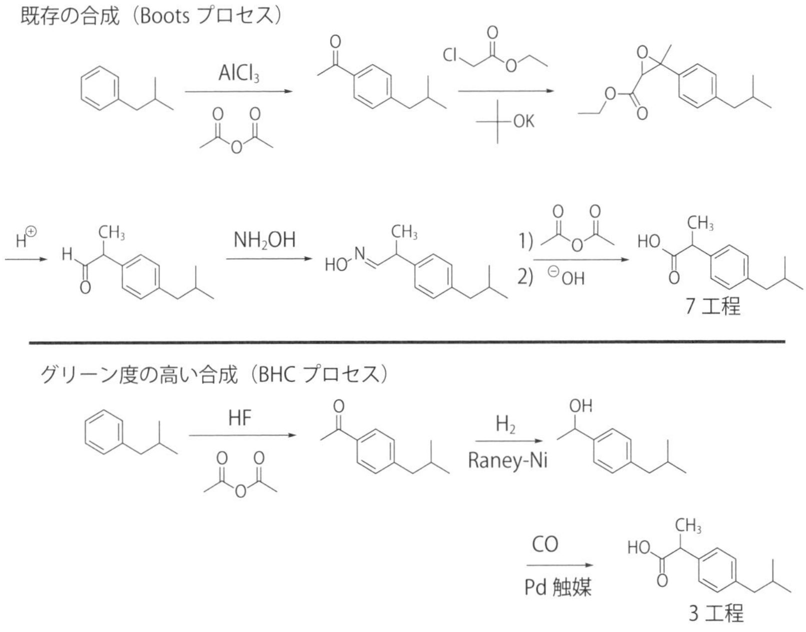

既存の合成（Boots プロセス）

$AlCl_3$

$H^{\oplus}$

NH_2OH

1)

2) $^{\ominus}OH$

7 工程

グリーン度の高い合成（BHC プロセス）

HF

H_2

Raney-Ni

CO

Pd 触媒

3 工程

図6-7　イブプロフェンの既存工業プロセスとグリーン度の高い工業プロセス

化アルミニウム触媒も反応後には水和物となってしまうため、リサイクルができないと言う問題がある。

この問題に対し、BHC社（アメリカ）は、イブプロフェン合成を3段階で合成するBHC法を開発した。Boots法で用いた塩化アルミニウム触媒をフッ化水素触媒に変え、得られたアセトフェノン誘導体をラネーニッケル触媒で水素還元して第2級アルコールを得て、これを一酸化炭素とパラジウム触媒で反応させる方法である。BHC法では使用した触媒を全て回収することが可能であり、廃棄物の量も重量比でBoots法の20％に抑えることができる。

このような、GC的考えを化学製造プロセスへ導入する試みは、単に化学産業の自主的な試みにとどまらない。例えば、Apple社（アメリカ）は製品の製造プロセスで使用する化学物質には安全で持続可能な化学物質を選定している。この理由は、製造プロセス中の有害物質の排出を減らし、作業者の健康リスクを軽減することを目的としている。また、同社は製品のリサイクルや廃棄の悪影響がない化学物質を選定している。これは、廃棄物の発生を最小限に抑え、可能な限り長く製品が使用されることを奨励する戦略である。さらにGCの概念に基づいた化成品を使うことでブランドイメージの向上にも寄与している。環境への配慮やサステナビリティの重要性が、企業戦略全体に影響を与えている。

ポイント

☑ GC的考えを化学製造プロセスへ導入する試みは、化学産業の自主的取り組みだけではなく、ユーザー企業からの要望もある。

第7章

化学物質のリスク

7-1 化学物質の毒性

16世紀に活躍したパラケルスス（スイス）は『すべてのものは毒であり、毒でないものはない。用量だけが毒でないことを決める』と言っている。言い換えれば、物質自体が毒であるかどうかではなく、摂取量が毒性を決定することになる。

例えば、私たちが生きていくために必要な水も毒になる。人間の腎臓が持つ最大の利尿速度は毎分16mLであるため、これを超える速度で水を摂取し続けると、体内水分量が過剰となり細胞が膨化する。その結果として、低ナトリウム血症を引き起こし、場合によっては死に至ることもある。生物の生命に必要不可欠な水でさえも、許容摂取量を超えると毒として働くことになる。

また化学物質は、生物種によっても摂取量に対する毒性が異なる。例えば犬、猫、鳥類はテオブロミン（カカオの苦味成分）の代謝速度が遅いため、チョコレートを摂取させると重篤な影響が出やすい（**図7-1**）。その量は少量で小型犬では約50g、中型犬では約400gのチョコレートを摂取するだけで死に至ることもある。

2023年の時点で、アメリカ化学会のCASに固有識別されている化学物質は2億5,000万以上であり、その中で産業利用されている化学物質は世界で約10万種類以上ある。新物質の発見は秒単位で増え続けていると言われる

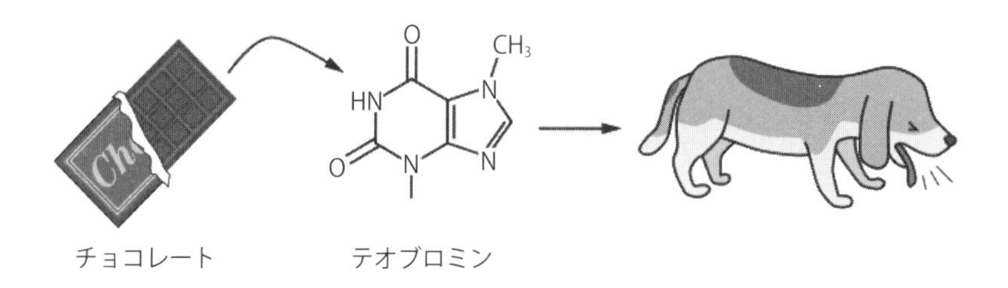

図7-1　チョコレートに含まれるテオブロミン（3,7-ジメチルキサンチン）は犬にとって少量でも毒になる

が、MI（5-10節）やロボット技術による化学合成の生産性はさらに向上し、産業利用される化学物質はますます増える。

現在、産業利用されている化学物質の適正使用は、PRTR（化学物質排出移動量届出制度注釈1）で管理されている注釈2。また、化学物質は適切な管理が義務付けられているため、他の事業者に譲渡または提供する場合に備えて、化学物質の特性や取扱いを明記したSDS（安全データシート注釈3）が添付されている。

その中でも、「第一種指定化学物質」および「第二種指定化学物質」に指定される化学物質は、2003年に国連で採択された化学品の分類や表示方法の国際標準である「化学品の分類および表示に関する世界調和システム（GHS）」に基づく適切な情報伝達が求められており、日本では562種類が該当する。

現在では、様々な規制や法律によって、環境への化学物質の流出が阻止されてきたが、すでに環境中に蓄積してしまった化学物質も存在する。自然界の蓄積した化学物質を人が暴露する経路として「直接暴露注釈4」と「間接暴露注釈5」が挙げられる。

環境中に蓄積された化学物質による初期リスクを評価するため、EHE（ヒトへの推定暴露量注釈6）がPRTRマップとして一般に公開されている注釈7。PRTRマップは、利用者への化学物質リスクの過小評価を避けるために、モニタリングデータやPRTR排出量データを元に、人への暴露量が最大になるように想定されている。

ポイント

- ☑ 全ての化学物質は毒であり、毒性は用量で決まる。
- ☑ 汎用性の高い化学物質の適正使用はPRTRで、化学物質の特性や取扱いSDSで明記されている。

注釈1 Pollutant Release and Transfer Register

注釈2 有害性のある多種多様な化学物質が、どのような発生源から、どれくらい環境中に排出されたか、あるいは廃棄物に含まれて事業所の外に運び出されたかというデータを把握し、集計し、公表する仕組み

注釈3 Safety Data Sheet

注釈4 例えば工場内での作業などにより、化学物質を直接的に取り込むこと

注釈5 例えば排出→環境中へ拡散→空気を吸う、水を飲む、食物を食べるなどの摂取によって暴露すること。「環境経由の暴露」ともいう

注釈6 Estimated Human Exposure

注釈7 http://www.prtrmap.nite.go.jp/prtr/top.doで公開されている

7-2 POPsと有機フッ素化合物

化学物質の中には、いったん環境中に放出されると分解されにくく、長期間にわたって人の健康や生態系に対して被害をもたらすものがある。こうした物質群のことをPOPs（Persistent Organic Pollutants：残留性有機汚染物質）と言い、ダイオキシン類やPCB（ポリ塩化ビフェニル）、DDTなどがこれに含まれる（**図7-2**）。

POPsは、製造や使用の原則禁止、非意図的生成物質の排出削減、廃棄物の適正な管理と処理、国内実施計画の策定、調査研究やモニタリングによる情報公開が、ストックホルム条約により義務付けられている。

POPsは脂溶性であるため、体内に取り込まれると脂肪組織に取り込まれ、代謝されにくいことから体内に蓄積しやすい性質がある。化学物質の生体内への蓄積性（脂肪組織への溶けやすさ）は、疎水度によって決まり、オ

農薬・殺虫剤

アルドリン
クロルデン
ディルドリン
エンドリン
ヘプタクロル
マイレックス
トキサフェン
DDT
クロルデコン
リンデン（γ-HCH）
α-HCH
β-HCH
エンドスルファン
ペンタクロロフェノール
ジコホル

工業化学品

テトラBDE及びペンタBDE
ヘキサBDE及びヘプタBDE
ヘキサブロモビフェニル
PFOSとその塩及びPFOSF
ヘキサブロモシクロドデカン
デカBDE
短鎖塩素化パラフィン
PFOAとその塩及びPFOA関連物質

ヘキサクロロベンゼン
ペンタクロロベンゼン

PCB
ポリ塩化ナフタレン
ヘキサクロロブタジエン

ダイオキシン類（PCDD及びPCDF）

非意図的生成物

【略語】
BDE：ブロモジフェニルエーテル
HCH：ヘキサクロロシクロヘキサン
PCDD ポリ塩化ジベンゾ―パラ―ジオキシン
PFOA：ペルフルオロオクタン酸
PFOSF：ペルフルオロオクタンスルホニルフルオリド
DDT：ジクロロジフェニルトリクロロエタン
PCB：ポリ塩化ビフェニル
PCDF ポリ塩化ジベンゾフラン
PFOS：ペルフルオロオクタンスルホン酸

図7-2　POPs（残留性有機汚染物質）に該当する化学物質の種類[注釈1]

クタノール／水分配係数注釈2が指標として用いられる。また、体内に蓄積されやすいということは、食物連鎖により、より高次の捕食者の体内で高濃度蓄積する、いわゆる「生物濃縮」を起こしやすいことになる（**図7-3**）。

また最近では、従来安全と考えられていた化学物質による環境汚染が問題となることもある。パーおよびポリフルオロアルキル化合物（PFAS：ピーファス注釈3）は、フッ素原子を含有する有機化合物の総称であり、4,700以上の化合物が該当する。このうち、パーフルオロオクタン酸（Perfluorooctanoic acid：PFOA）とパーフルオロオクタンスルホン酸（Perfluorooctane sulfonate：PFOS）の毒性が確認されたことにより（**図7-4**）、環境中での「安定性＝難分解性の高さ」から、欧州を中心にこの2物質を含めたPFASの使用禁止の動きが強まっている。

産業の製品群3,500種の中には、非常に高い安定性から「永遠の化学物質

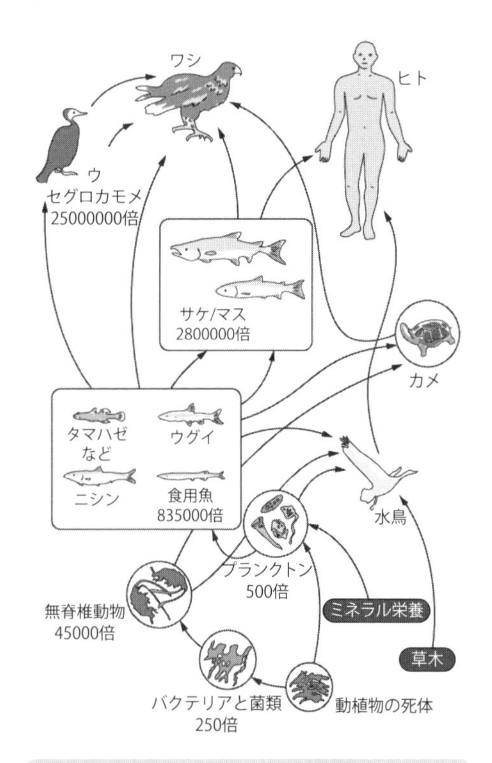

図7-3　食物連鎖を通じた生物濃縮のイメージ

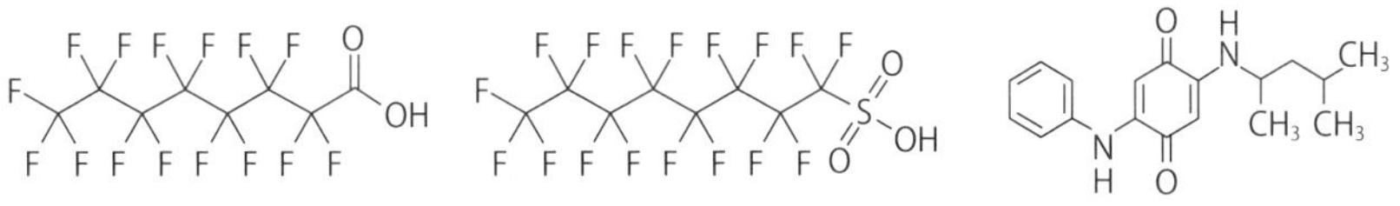

PFOA　　PFOS　　6PPDキノン

図7-4　パーフルオロオクタン酸（PFOA）、パーフルオロオクタンスルホン酸（PFOS）、6PPDキノンの化学構造式

＝フォーエバーケミカル」とされるものもある。すでに環境中に蓄積されているPFOAやPFOSは、フォーエバーケミカルとして指定されている。

一方で、北アメリカでは河川を遡上するギンザケが、嵐による大雨の後に必ず大量死する怪事件が報道された。この原因となった物質が、河川中の6PPDキノン（6-PPD-quinone；図7-4）であることがワシントン大学（アメリカ）の研究チームによって発表された。

タイヤの酸化防止剤として使われる6PPDはギンザケへの毒性を持たないが、タイヤから流出し環境中で変性した6PPDキノンは、雨で河川に流れ込みギンザケに強い毒性を発揮することが分かった。さらにこの化学物質はサケやマス類にのみ特異的に強い毒性を発揮する性質も見いだされた。もし製品中の化学物質が安全であったとしても、その分解産物や変性物が人や環境に悪影響を及ぼす可能性があることを警告する事例となった。

ポイント

- ☑ 環境中で残留性のある有機汚染物質をPOPsという。
- ☑ 環境中の低濃度汚染物質は生物濃縮により高濃度に変化するものもある。

注釈１　https://www.env.go.jp/chemi/pops/pamph/index.htmlより改変

注釈２　1-オクタノール（$C_8H_{18}O$）と水の２つの溶媒相中に化学物質を加えて平衡状態となった時の、その二相における化学物質の濃度比から体内における濃縮度を判定

注釈３　Per- and Polyfluoroalkyl Substances

7-3 リスクとハザード

日常的にリスクという言葉は「危険性」や「危険度」という意味で使う。また経済の分野では「不確実度」としても使われている。一方で化学物質に対するリスクは化学物質の有害性が発現する可能性を意味する。化学物質のリスク評価は「ヒト健康」「環境中の生物」「フィジカルリスク 注釈1」に分類できる。リスクの概念は「化学物質が与える有害性の重篤度（ハザード）注釈2」と「暴露量（摂取量）」の積で表す。

リスク＝有害性の重篤度（ハザード）×暴露量（摂取量）

リスクの評価には十分な情報を提供しなければ、大きな問題や事故に繋がることがある。例えば「ベンゼンはトルエンより低リスクです」と漠然と伝えても、「安全性なのか？」「経済性なのか？」「反応効率なのか？」と、解釈を個人の判断基準に委ねることになる。リスクは個々の要因による影響の大きさを特定し、それに応じた管理や対策を実行するためにあり、十分な情報、根拠、具体的な説明を含めなければならない。

また、評価者がリスクを説明しても、情報の受け手がそれを考慮しない場合もある。例えばベンゼンの使用における事故や健康被害のリスクを下げる対策法を説明しても、「ベンゼンは猛毒で癌になる」といった情報を持っている人にとっては、情報に基づいた判断以前に「ベンゼンは嫌だ、トルエンにする」という感情が支配してしまう。これは科学的根拠から判断する以前に「安心」が先行し、ベンゼンという「名前」が意思決定の重要因子になってしまう。

「低リスク＝安全」は科学的定量によって評価するが、心理的安全性を意味する安心は個人の価値判断であり、文字通り「心の安らぎ」を示す。安心を解決することは社会にとっても重要な課題であり、リスクが低いほど安心できる人の数も多くなる。しかし、安心を中心とした社会政策は、非常に小さなリスクの解消のために、莫大な社会コストが発生することが多く、場合によってはより混乱を引き起こすこともある。安全を担保しつつ、安心と社会コストとのバランスが取れた意思決定を社会が行うためには、正確で透明性の高い情報開示が重要である。

一方で、化学物質の有害な影響（有害性）を総称して危険有害性（ハザード）という。ハザードは物質ごとに客観的評価が行われており、GHS（化学品の分類および表示に関する世界調和システム[注釈3]）にまとめられている。

GHSで分類される危険有害性は、爆発性や引火性、急性毒性、発がん性、水生環境有害性であり、それぞれに危険有害性の程度に応じた「絵表示（ピクトグラム）」、危険または警告という「注意喚起のための表示（注意喚起語）」が世界標準として規定されている（**図7-5**）。

さらに、ラベルには、「飲み込むと生命に危険」といった危険有害性情報、応急処置や廃棄方法といった注意書きも付帯している。GHSにおける絵表示は、化学品による事故や健康被害を視覚的に把握しやすくすることで化学品の製造業者や輸入業者が基準に従って化学品の分類ができるようになっている。また、化学品を購入する際の選択の情報源としての役割もあ

	シンボル：炎 可燃性/引火性ガス（化学的に不安定なガスを含む）、エアゾール、引火性液体、可燃性固体、自己反応性化学品、自然発火性液体、自然発火性固体、自己発熱性化学品、水反応可燃性化学品、有機化酸化物に相当する化学品であることを表しており、燃えやすい、空気との接触により発火しやすい、熱分解しやすいなどの性質を有することを示す。
	シンボル：どくろ 急性毒性を表しており、経口摂取、経皮接触、吸入曝露（きゅうにゅうばくろ）により、人へ有害な影響を及ぼし、死に至る場合があることを示す。
	シンボル：環境 水生環境有害性を表しており、環境中で水生生物へ有害な影響を及ぼす性質が強いことを示す。

図7-5　GHSにおける絵表示（ピクトグラム）とその内容の例[注釈4]

図7-6　ハザードとリスクの考え方の違い

る。しかし、すべての化学物質のハザードを調べることはできないため、年間1,000トン以上の生産量に対するハザード評価を高生産量化学物質（HPV[注釈3]）として実施する。

化学物質におけるハザードとリスクは混同されがちで、使い方を間違うと大きな事故に繋がることがある。例えば『金属ボンベに封入されているシアン化水素（HCN）ガス』について、ハザードでは人に対する致死量が270ppmなので「猛毒」ということになる（**図7-6**）。一方で、リスクでは『金属ボンベに封入……』とあるので、適切に管理されたガスは絶対に漏出しないと考えると、暴露量がゼロならばリスクは「非常に低い」と評価される。

ポイント

☑ **ハザードとは有害の可能性を指し、ハザードと使用法や量から評価するものがリスクである。**

注釈1　爆発や火災の原因

注釈2　生命または身体的機能を脅かす事象

注釈3　Globally Harmonized System of Classification and Labelling of Chemicals

注釈4　https://www.env.go.jp/chemi/ghs/

7-4 化学物質の毒性評価法

化学物質が人体（生物）へ取り込まれる経路には、呼吸などによる吸入暴露、飲食物を摂取することによる経口暴露、皮膚との接触による経皮暴露があり、同じ量の化学物質であっても、毒性の強さは「吸入>経口>経皮」の順で現れる。

化学物質の毒性は「急性毒性」と「慢性毒性」に分類される。急性毒性は化学物質が体内に取り込まれ、数日以内に発現する毒性を指す。急性毒性の強さは、LD_{50}（50% Lethal Dose：半数致死用量）またはLC_{50}（50% Lethal Concentration：半数致死濃度）で評価する。

LC_{50}は一定の時間内に実験動物の半数を死亡させる気体分子の濃度である（**図7-7**）。例えばベンゼン（気体）をマウスに吸入させ、その死亡率が50%になる濃度は10,000mg/L（ppm）であり、この濃度をLC_{50}として使用する。死亡率が50%になる濃度を少し超えると、マウスの死亡率も急激に変化するため、暴露量と死亡率の最も敏感な値として50%が使われている。

LD_{50}は実験動物に段階的に化学物質の濃度を増やしながら投与し、半数が死亡した量を表す。一般的な有機溶媒のLC_{50}とLD_{50}を表にまとめたので

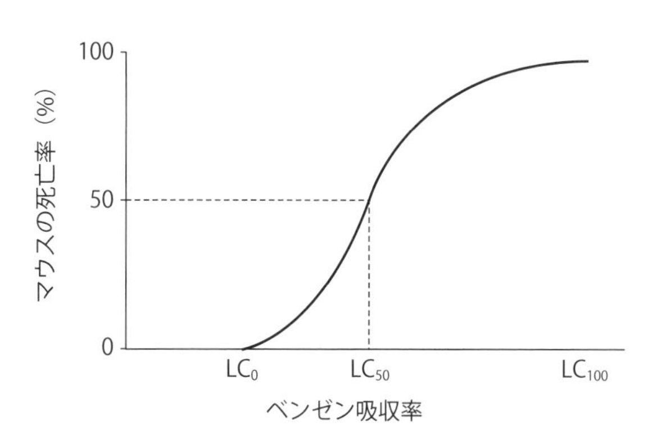

図7-7　ベンゼン摂取量とマウスの死亡率（LC_{50}の例）

	溶媒	沸点/℃	急性毒性	
			LC_{50}/mg・L^{-1}	LD_{50}/mg・kg^{-1}
極性溶媒	アセトン	57	50100（8時間）	5800
	メタノール	65	22500（8時間）	1400
	エタノール	78	20000（10時間）	7060
	2-プロパノール	82	16000（8時間）	5045
	1-プロパノール	97	4000（4時間）	1870
	酢酸	101	11000（4時間）	3310
	ピリジン	115	4450（4時間）	891
	無水酢酸	140	1000（4時間）	1780
	DMF	153	9400（2時間）	4200
	DMSO	189	5000（4時間）	14500
	エチレングリコール	198	―	4700
無極性溶媒	ジエチルエーテル	35	73000（2時間）	1215
	n-ペンタン	36	64（4時間）	＞2000
	ジクロロメタン	40	52000（4時間）	1600
	n-ヘキサン	69	＞9500（4時間）	6240
	酢酸エチル	77	1600（8時間）	5620
	ベンゼン	80	10000（7時間）	930
	シクロヘキサン	81	>9500（4時間）	6240
	トリエチルアミン	90	1000（4時間）	460
	トルエン	111	12.5（4時間）	2600
	m-キシレン	139	5000（4時間）	4300

図7-8　一般的な有機溶媒の沸点、LC_{50}、LD_{50}

参考にしてほしい（**図7-8**）。

慢性毒性は、長期間に渡り化学物質を投与した際に中毒症状を示す毒性を指す。一般的には1～2年以上経過して影響が現れるものを指し、多くの公害が慢性毒性によって引き起こされている。

化学物質の毒性の評価は、簡便な標準的方法がなく、いくつもの方法を併用しながら評価する。また、暴露量によっても影響の現れ方が異なるため、化学物質の毒性の全容を把握するには多額の資金と長い時間がかかる。したがって、十分な毒性データが得られている物質はごく一部であり、新物質の利用にこういったリスクを含んでいることを考慮しなければならない。

ポイント

- ☑ 急性毒性は化学物質が体内に取り込まれ数日以内に発現する毒性を指す。
- ☑ 急性毒性の強さの尺度はLC_{50}やLD_{50}で評価する。
- ☑ 慢性毒性とは1～2年以上経過して発現する毒性を指す。

7-5 リスク評価と化学物質

日本の産業で使用されている化学物質の種類は5万種を超え、毎年500種類以上の新たな化学物質が追加されている。これらの化学物質の中には労働者が暴露することにより健康障害を生ずるものもある。

化学物質の人体に対する安全性は、様々な評価法によって基準化されている。現在では、化学物質の毒性が広く認識されたため、新物質が開発される際には、特定の基準に基づいた安全性評価が行われ、これをクリアしなければ市場に出すことができない。

特に、人が直接摂取する薬の開発（創薬）期間は最低10年間と言われ、その大半が人に対する薬理効果と安全性（副作用）を確認する治験に費やされる。同様に、農薬や殺虫剤なども様々な基準に適合しなければ販売することはできず、10年以上の開発期間と数十億円以上の開発費用が必要である。

このような化学物質による健康リスクを取り扱う場合には、どのような経路で、どのぐらいの量が体内に取り込まれるかを評価する曝露解析が、運命分析[注釈1]の一環として行われる。通常、化学物質による被害は摂取量に比例して発生する確率が高く、その用量依存性に閾値（しきいち）があるかないかによって、リスクへの対処の考え方は大きく異なる。閾値とは、この化学物質量以下の曝露量ならば、被害が出ない最大量を指し、毒性の「しきい」となる値である。

閾値がある場合には、動物実験などによりNOAEL（無毒性量[注釈2]）を求め、これに安全係数を加味したADI（一日許容摂取量[注釈3]）やTDI（一日耐用摂取量[注釈4]）を管理指標とする。NOAELとは、生涯、毎日摂取し続けても毒性が発揮されない最大用量のことであり、動物試験から算出される。また、動物試験の期間で信頼性などの項目別に不確実なものがあればUF（不確実係数）を追加する。

例えばNOAELを人に対して適用する場合は、種間での感受性の差による不確実性を担保するために10で割り、さらに人の間でも個人個人で感受性に差があることからさらに10で割った値を用いる。また、複数のUF項目を考慮したものをUFs（不確実係数積注釈5）という。したがって、人への適応をする場合はNOAELの100分の１（UFs）の量がADIまたはTDIになる（**図7-9**）。

しかし、UFsの項目には国際ルールなどがなく、試験期間、試験データの信頼性に応じて修正項目を増やす。これは健康リスクが過小評価されないように、安全側に立った評価をすることが前提であるからである。またADIに対して、実際の摂取量との比をHQ（ハザード比注釈6）といい、「HQ＝一日摂取量/ADI」が１以下の値はリスクが許容範囲であることを意味する。

閾値のない毒性としては、遺伝子損傷性のある発がん性がこれに該当する。細胞の中でDNAが損傷した場合には様々な修復機構が働くことから「閾値がある筈だ」との考えもあるが、安全側に立った評価から発がん性の評価には「閾値なし」のモデルが採用されている（**図7-10**）。ADIまたはTDI以下の曝露であれば、リスクはなしと判断できる「閾値あり」とは異なり、「閾値のない毒性」はどれほど低用量であっても僅かにリスクが存在することになる。

通常は、一生を通じて曝露され続けた場合のがんになるリスクの上昇が、10^{-5}（＝10万分の1）を目標とし、これをVSD（実質安全量注釈7）として用

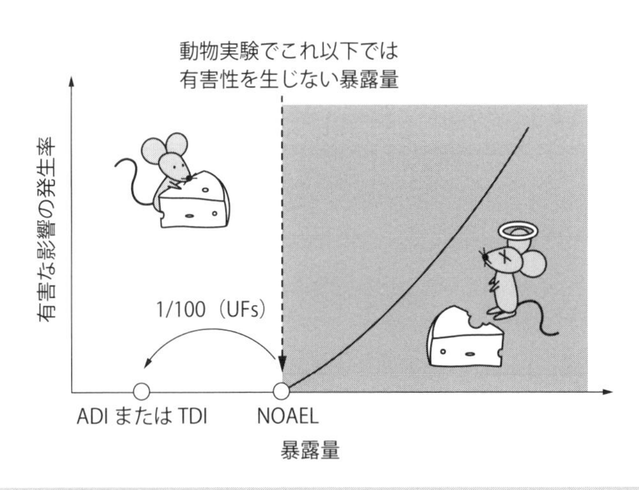

図7-9　閾値（無毒性量）有の条件におけるNOAELからADIまたはTDIを算出するイメージ

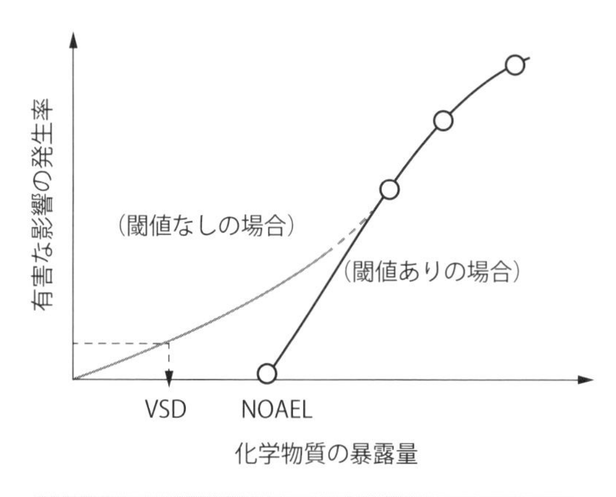

図7-10　閾値無の条件における健康リスクの考え方

いる。閾値のないリスクについては、ただ、これ以下ならば安全と言える「しきい」がないため、一定のリスクは引き受けなければならない。「どの程度のリスクなら引き受けても良いか？」というリスクレベルの目標値を、専門家とリスクの負担者の議論を経た上で、合意によって定める。

ポイント

- ☑ TDIは、動物実験などにより求められたNOAELをもとに算出し、健康リスクの管理値として用いる。
- ☑ 閾値がない場合の健康リスクは負担者の合意を得る。

注釈1　化学物質の利用や環境中への流出のパターンから、大気、水、土壌中への移行、拡散、分解を考慮して環境濃度を予測すること

注釈2　No Observed Adverse Effect Level

注釈3　Acceptable Daily Intake

注釈4　Tolerable Daily Intake

注釈5　Uncertainty Factor

注釈6　Hazard Quotient

注釈7　Virtually Safe Dose

7-6 リスクアセスメントとリスクマネジメント

化学物質の「リスクアセスメント」は、労働災害を防止するため、化学物質を職業的に取り扱う際のリスク管理を目的として、リスクの大きさを評価するために行われる。平成26年度に改正された労働安全衛生法によってSDSの交付が必須となる673の化学物質を対象とし、危険性と有害性についてのリスクアセスメントを行うことが義務化されている。

対象となる化学物質は、厚生労働省のホームページ[注釈1]で公開されており、以下に該当する場合はリスクアセスメントを実施しなければならない。

①対象物を原料などとして新規に採用したり変更したりする
②対象物を製造し、または取り扱う業務の作業の方法や作業手順を新規に採用したり変更したりする
③対象物による危険性または有害性などについて変化が生じたり、生じるおそれがあったりする

化学物質リスクアセスメントも、通常のリスク評価と同様に、有害性の重篤度（ハザード）と暴露量（摂取量）の積によって計算し、危険性を評価する場合には、「被害の程度」が有害性の重篤度として、「有害事象の発生確率」が暴露量（暴露率）に用いられる。

また、有害性の評価は「毒性（発がん性、生殖毒性など）」が有害性の重篤度として「暴露の程度」が暴露量（暴露率）に用いられる。暴露評価には、実際の暴露濃度を測定する方法や、暴露モデルによる推定が用いられる。リスクアセスメントが完成したら、これを基準とした「リスクマネジメント」を実行する。かつては「ハザードマネジメント」が用いられてきたが、YESまたはNOによる判断となることから、対策を講ずる余地が得られないため、一般的にリスクマネジメントが使われている（**図7-11**）。

化学物質は人間の生活に何らかの有益な役割を果たしており、それによって私たちの豊かな生活が実現している。このため、「有益な物は、ある程度

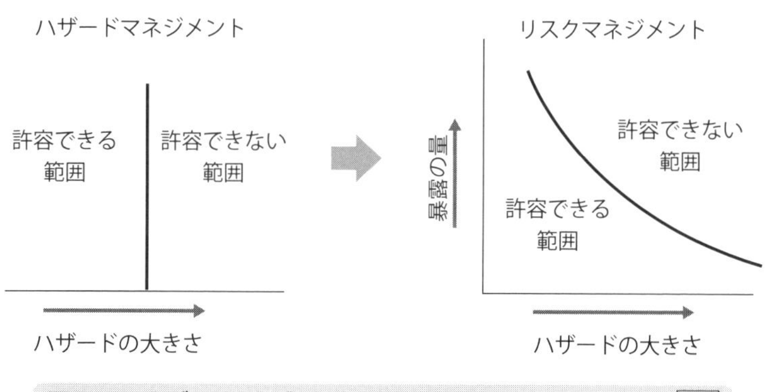

図7-11　ハザードマネジメントからリスクマネジメントへの移行[注釈2]

のリスクは容認する」という感覚の中で私たちは生活している。このような考えを実行するには、リスクマネジメントにおける容認できない範囲の「幅(勾配)」が必要である。

ところで、リスクアセスメントとリスクマネジメントはなぜ分けられているのであろうか。その理由として、リスクアセスメントとリスクマネジメントは、別の人間や組織によって行う必要があるからである。リスクアセスメントを作成した担当者や組織が、マネジメントまで担当すると、リスク管理の実情に合わせて恣意的にリスクアセスメントが実施され、関係者の安全性を損ねる恐れがあるからである。

ポイント

- ☑ 化学物質リスクアセスメントは、労働災害防止を目的として法律で実施が義務化されている。
- ☑ リスクを管理するリスクマネジメントは、リスクアセスメントの結果に基づいて実施される。

注釈1　https://anzeninfo.mhlw.go.jp/anzen_pg/GHS_MSD_FND.aspxを参照

注釈2　https://chemrisk.org/contents/code/asse01

7-7 化学物質のリスクアセスメントの実際

化学物質を使って製品を製造するプラントでは、労働安全衛生法第57条の3第3項の規定に基づき、化学物質等による危険性または有害性等の調査等に関する指針によって、化学物質のリスクアセスメントを実施することが事業者側に義務として課せられている。

化学物質のリスクアセスメントの対象物質は、厚生労働省が定めるSDS交付義務の対象物質になるが、労働災害低減のため、対象物質に当たらない場合でも、化学物質のリスクアセスメントを行うことが一般的である。また、プラントで懸念される化学物質のリスクの項目を**図7-12**に示す。

化学物質のリスクアセスメントを構築するための一般的な手順は5つの項目によって成り立っている（**図7-13**）。**ステップ1**では使用を検討する化学物質について、リスクアセスメントなどの対象となる操作や作業業務を洗い出し、原料メーカーや試薬会社が用意するSDSに記載されているGHSの分類に即して危険性または有害性を特定する。

ステップ2ではリスクを3つの方法（①～③）のいずれかで見積もる。例えば①に対する化学リスクの見積もり方法の例を**図7-14**に示す。

リスクの種類	内　容
作業者へのリスク	化学物質を吸引や触れることによる健康リスク
環境（経由の）リスク	大気や水などの環境中に排出された化学物質によって、周辺環境の健康または環境に生じるリスク
製品（経由の）リスク	製品に含まれる化学物質によって、消費者の健康リスクや環境中の生物に生じるリスク
事故のリスク	爆発や火災などの事故による、設備、物、人、環境、生物に生じるリスク

図7-12　プラントで懸念される化学物質のリスクの項目

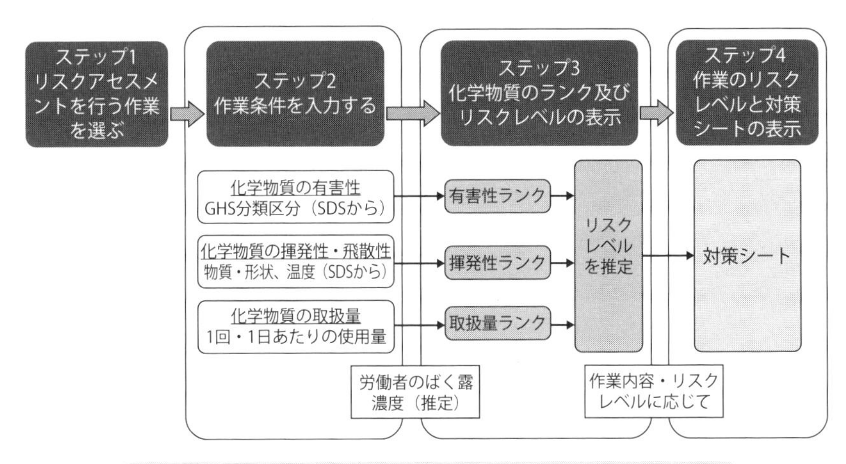

図7-13　化学リスクアセスメントを構築するための一般的な手順

		危険または健康障害の程度（重篤度）			
		死亡	後遺障害	休業	軽傷
危険または健康障害を生じるおそれの程度（発生可能性）	極めて高い	5	5	4	3
	比較的高い	5	4	3	2
	可能性あり	4	3	2	1
	ほとんどない	4	3	1	1

リスク	優先度	
4～5	高	直ちにリスク低減措置を講じる必要がある。措置を講じるまで作業停止する必要がある。
2～3	中	速やかにリスク低減措置を講じる必要がある。措置を講じるまで使用しないことが望ましい。
1	低	必要に応じてリスク低減措置を実施する。

図7-14　化学リスクの見積もり方の一例

①対象物を製造または取り扱う業務ごとに、対象物が労働者に危険を及ぼし、または健康障害を生ずるおそれの程度（発生可能性）と、危険または健康障害の程度（重篤度）を考慮する方法
②労働者が対象物にさらされる程度（曝露濃度など）とこの対象物の有害性の程度を考慮する方法
③その他法令などの規定に定める方法

実際にどのような方法を選ぶかは、同じ化学物質の取り扱いであっても、業務が研究か製造かによって異なるため、その都度適した方法で行う。また、大気汚染物質などの解析にはMETI-LIS[注釈1]などのシミュレーションもあり、こういったシミュレーションを積極的に利用することでより精度の高いリスク評価ができる。

ステップ3では、ステップ2の結果に基づき、労働者の危険または健康障害を防止するためにリスク低減措置の内容を検討する。この議論は作業者だけでなく監督者など複数人で実施する。まず何よりも優先されるのは、その化学物質の使用が不可避かどうかで、危険性または有害性のより低い物質への代替、化学プロセスなどの運転条件の変更が可能かの検討項目がある。

もしこれらの抜本的な解決が困難な場合は、物質を取り扱うためのハードの対策を考える。例えば、安全装置の二重化などの工学的対策または局所排気装置の設置などの衛生工学的対策がある。続いて、作業手順の改善、立入禁止などの管理面での対策を行った後、化学物質などの有害性に応じた有効な保護具の選定をする。基本的には、リスクが高いものから対策を立てる。

ステップ4では、ステップ3で決定した内容を実際に行う。この際に、措置を行い、想定よりリスクが高い場合もあれば、安全に対して過剰にリスク試算をしていることもあるため、リスク低減措置の実施後に、改めてリスクを見積もり改善することが重要である。また、前例に従って長期間同じ措置を続けていると、リスクに対する認識が軽薄化することが往々にして起こるため、一定期間ごとにリスクアセスメントを見直すことも重要である。

ステップ5では、リスクアセスメントの実施結果について、掲示や書面などで労働者に周知する。

これらのリスクアセスメントに関する情報については、厚生労働省の「職場のあんぜんサイト[注釈2]」にまとめられており、様々な産業の業務内容に応じてリスクアセスメントを支援するツールが公開されている。

ポイント

- ☑ 化学物質に対するリスクアセスメントの目的は、化学物質や製品の危険性を評価し、労働者の安全を保つために行う。
- ☑ 化学物質に対するリスクアセスメントの手順は、危険特定、リスク評価、低減策検討、実施、労働者への情報提供の順に行う。

注釈1 https://www.jemai.or.jp/tech/meti-lis/download.html

注釈2 https://anzeninfo.mhlw.go.jp/

循環型社会と企業の社会的責任

8-1 サーキュラーエコノミー

化学工業の発展は社会に豊かさをもたらしたが、同様に様々な問題も引き起こした。特に高度経済成長期には、水俣病、第二水俣病、四日市ぜんそく、イタイイタイ病などの公害を引き起こし社会問題となり、緊急の対策が求められた。その後、1967年には国民の健康で文化的な生活を確保するために、公害の防止を保障する公害対策基本法が制定された。1970年代の公害では、光化学スモッグや水質汚染といった地域的な問題が主流であったが、1980年代になると、オゾン層破壊や気候変動などの、地球規模的な対策が求められる環境問題が主流となった。

化学工業の発展は、大量生産や大量消費の基盤を築く一方で、必然的に大量の廃棄物が発生し、限りある資源の有効活用という課題も生まれた。特に最終処分場に適した土地に限りのある日本においては、最終処分場の延命も大きな課題となった。このような問題に対して、2000年に循環型社会形成推進基本法が制定され、廃棄物の発生を減らす「リデュース（Reduce)」、一度使い終わった製品を繰り返し使用する「リユース（Reuse)」、資源として再生利用する「リサイクル（Recycle)」の頭文字をとった3Rの推進が奨励されるとともに、廃棄物の適正処分が進められた。

廃棄物削減による処分場の延命対策としての色合いの濃い日本の循環型社会とは対照的に、欧州で進められているサーキュラーエコノミー（循環経済）（**図8-1**）では、消費者に「修理する権利」を認め、RRRDR (Remanufacturing（再製造）、Refurbish（改修）、Repair（修理）、Direct reuse（リユース）、Recycling（リサイクル））をコンセプトとしている。社会の中で製品や資源に繰り返し価値を与え、利用する過程で生まれる雇用や経済効果の側面を重要視している点に特徴がある。

サーキュラーエコノミーができる以前の20世紀は、リニアエコノミー（線型経済）が主流であり、これによって急速な成長をもたらすことができた。リニアエコノミーでは、原料→製品→消費→廃棄物の一方通行であることから（**図8-2**)、廃棄物の問題を原料の検討時や製品の開発段階で考慮さ

	循環型社会形成推進基本法（日本）	サーキュラーエコノミー（EU）
目的	最終処分の減容	資源効率の改善
利益	経済以外の負担軽減	多資源消費大規模製造とは異なる新規投資、修繕、再生産に関わる市場創出
主な手段	再資源化	使用済み製品の高度多様な再利用
使用済製品	再資源化の対象	使うべき対象
主な主体	リサイクラー、製造業の環境担当者	使用サービス提供者、中小製造、改修事業者

図8-1　循環型社会形成推進基本法とサーキュラーエコノミーの比較

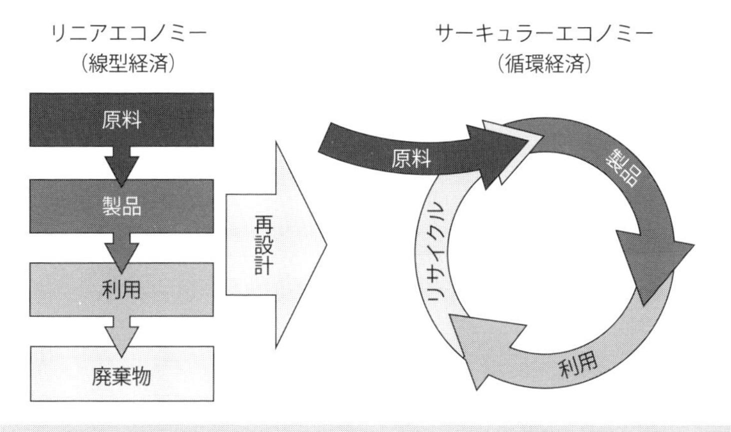

図8-2　リニアエコノミーからサーキュラーエコノミーへ再設計するためのイメージ

れにくいという問題がある。

例えばプラスチック包装材は食品の賞味期限を延ばし、食品ロスを減らす役割があるが、商品を開封後に物質的な価値がなくなるため廃棄される。これでは廃棄物問題は解決しない。これをサーキュラーエコノミーで考えると、廃棄物のリサイクルが原料や製品の開発や生産と連結しているため、必然的に廃棄問題を意識することができるので、プラスチック包装材のリサイクル、リユースや生分解素材の普及や活用を積極的に進めることができる。こういった試みは持続可能な開発（1-1節）やGCを実行するための目的

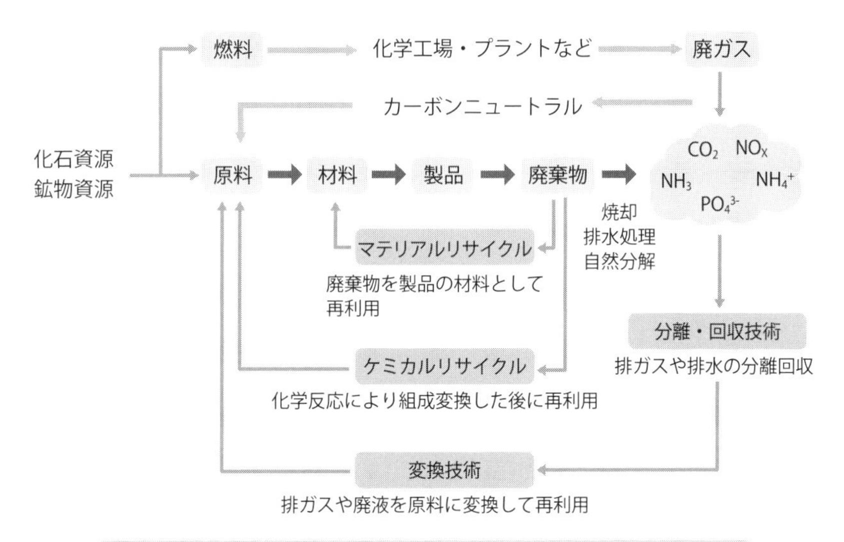

図8-3　化成品におけるサーキュラーエコノミーを行うためのイメージ

（4-2節）に合致した考え方と言える。

サーキュラーエコノミーを実践する場合は、各要素技術が満足したとしても、これを総合評価する必要がある。例えば化成品のリサイクルを行うために**図8-3**のような仕組みを作ったとする。しかしこれを実行するにあたり、もし経済的に不利になる部門があれば実行することはできない。サーキュラーエコノミーでは各部門の経済が無理なく循環し、継続が可能にならなければ機能しないのである。

国土が狭く、資源の多くを輸入に頼っている日本にとって、「混ぜればゴミ、分ければ資源」という標語があるように、廃棄物の3Rは必須項目と言える。ただし、3Rの実行には廃棄物の種類ごとに分別などの様々な過程を経由する必要があるため、その社会コストを下げるためには、市民の廃棄物行政への理解と協力が必要になる。さらに企業の立場からも「リサイクルされた資源を活用」し「リサイクルしやすい製品設計」を行うことが欠かせない。例えばペットボトルは透明で印刷を施されていないのは、再資源化を見越した商品設計によるものであり、こういった試みが増えることが重要である。

ポイント

☑ 環境問題は地域的規模から地球規模の問題へと変遷した。
☑ サーキュラーエコノミーは持続可能な開発やGCの目的と合致した考え方である。

8-2 プラスチックのリサイクル

製品に使用されている様々な化学物質は、資源性と有害性の双方の特徴を持つ。資源から作られる様々な素材や製品は、私たちの生活を豊かにするが、使用後は廃棄物となり、有害性としての化学物質に変化するものも多い。その中でも、私たちの生活に必須とされるプラスチックは、使用後には「マイクロプラスチック」や「廃棄物問題」などの悪いイメージに変わる。

20世紀に入ってすぐに発明されたプラスチックは、その製造プロセスの向上や、様々な製品への素材や部品としての利用から大きく発展した。1957年にカリフォルニアのディズニーランドにできたハウスオブザフューチャーは、家全体がプラスチック製の流線形の構造で、プラスチックは夢を膨らませる象徴的な未来の素材であった。しかし、このアトラクションを撤去する際に、解体用の鉄球がプラスチック材によって跳ね返ってしまったため、ノコギリを使って人力で解体することになり、プラスチックの処分方法について人類は未だ十分な知恵を持っていなかったことが露呈した。

1950年代以降に生産されたプラスチックは、累積で83億トンを超え、そのうち63億トンがゴミとして廃棄されてきた。現在のペースでは2050年までに120億トン以上のプラスチックが埋め立てや自然投棄され、さらに海洋に流出したプラスチック廃棄物量は、海洋生物より多くなると言われている。

プラスチックは大量生産をすることで、私たちの文明の基礎を支えてきたが、使用後のプラスチックを持続可能な資源として利用するためのルールは決められてこなかった（上記のディズニーランドの例もあり、“そもそも廃棄のことなど考えていなかった”が事実かもしれない）。海洋ゴミ問題に注目が集まったことで、プラスチック廃棄物の再活用を目指す「リサイクル」や「アップサイクル」が求められている。アップサイクルとは、単に不要物の再活用という意味で使われる場合もあるが、ここでは廃プラスチックを熱や触媒によって分解し、その化学成分を回収や精製を行うことで再利用し、プラスチック廃棄物から高品質や高価な化学物質や化学原料へ変換する方法を指す。

日本におけるプラスチックの生産から廃棄までの流れを「樹脂製造・製品加工・市場投入段階」「排出段階」「処理処分段階」に分けてマテリアルフロー注釈1で分類した。例えば2021年の国内の「樹脂生産量」は1,045万トンで、その内の「廃プラ（廃プラスチック）総排出量」は824万トンである。廃プラの中で717万トンはリサイクルされたが（**図8-4**）、その内訳は、マテリアルリサイクルが21％、ケミカルリサイクルが4％、サーマル

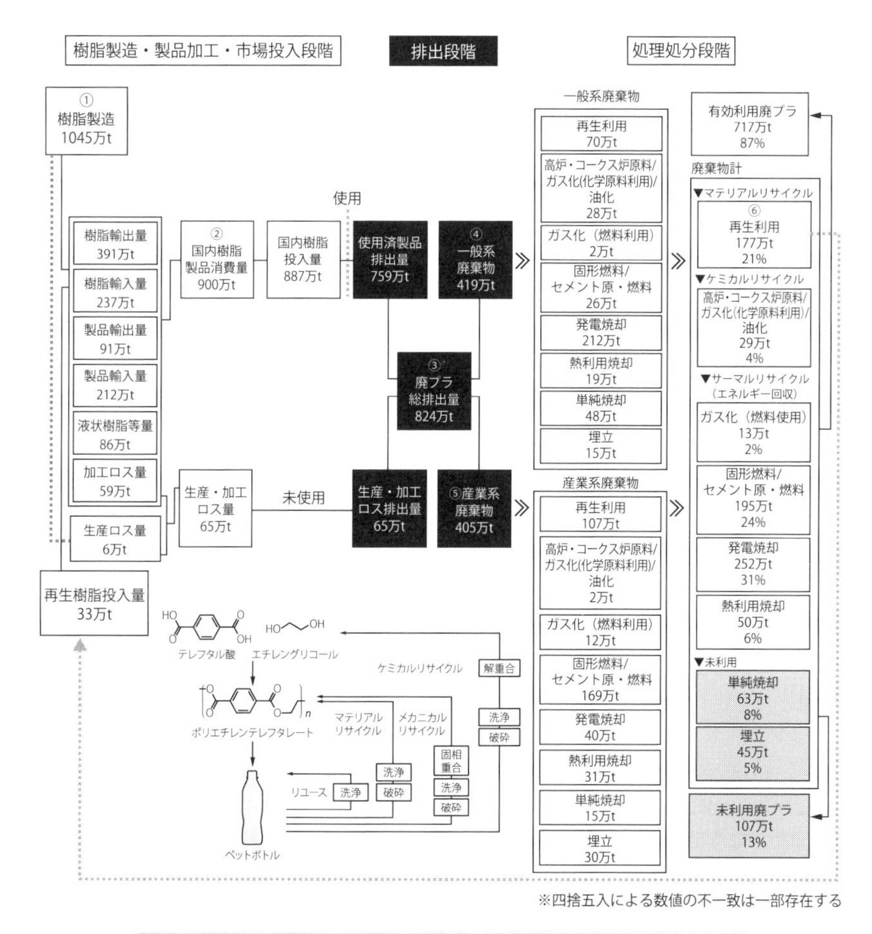

図8-4　プラスチックのマテリアルフロー図注釈2
およびの飲料ペットボトルのリユースとリサイクルのイメージ

リサイクルが63%であった。

マテリアルリサイクルとは、廃プラスチックを再利用可能な素材として回収し、新たな製品に再生する化学プロセスで、廃プラスチックを分別回収し、適切な処理や加工を行って再利用可能な形に変換し、新たな製品の製造に使用する。マテリアルリサイクルには、バージンプラスチックの使用量を削減し、資源の節約と廃棄物の削減を促進する効果がある。

ケミカルリサイクルとは、化学プロセスを用いて廃プラスチックからプラスチック原料に戻すモノマーリサイクルや、より高付加な化合物や燃料に変換するアップサイクルを指す。マテリアルリサイクルやケミカルリサイクルは、プラスチック廃棄物の処理と資源の有効活用において重要な役割を果たしているが、リサイクルの効率や経済性、技術的な課題など、様々な課題もある。例えば、プラスチックの種類やグレード、プロセス途中で発生する汚染物質の有無、リサイクルプロセスの適用範囲などが制約要因となる。また、リサイクルされたプラスチックの品質や性能を保つことも重要な課題である。

現在、最も行われているリサイクルはサーマルリサイクルであり、プラスチックを減容処理（焼却処理）する際に発生する熱エネルギーを回収する手法である。熱エネルギーは温水供給などの熱源として利用されるほか、発電に利用することで電気エネルギーとしても回収する。しかし熱の回収と引き換えにCO_2が発生することから、この問題の解決や別のリサイクル法への転換が求められている。

プラスチックには「接着」「剥離」「印刷」「切断」が製品機能として求められ、さらに性質の異なる素材の組み合わせによる複合プラスチックを作ることで、これらの機能を実現している。こういった複合プラスチックをマテリアルリサイクルやケミカルリサイクルを行うには経済的に不向きなことが、サーマルリサイクルが選択されている理由である。この問題を解決し、サーマルリサイクルから他のリサイクル法に転換するには、材料設計の段階からリサイクルに適した設計を考慮するように見直す必要がある。

プラスチックの原料を化石燃料から再生可能資源や廃棄物由来とすることで、プラスチック問題を解決した例もある。再生可能資源を使用する具体例として、ポリエチレン原料のエチレンをバイオエタノールの脱水反応により調達する方法や、ポリエチレンテレフタレート（PET）に使用するテレフタル酸をバイオマス原料のフルフラールから誘導したフランジカルボン酸に変更したポリエチレンフラノエート（PEF）を類似PETとして製造する方法がある（**図8-5**）。

さらに、耐水ラミネート加工やストローなどに生分解性プラスチックであるポリ乳酸（PLA）やPHBH[注釈3]の利用も行われている。こういったプラスチックには、焼却してサーマルリサイクルした場合でも、発生したCO_2はカーボンニュートラルによって相殺できる利点がある。

また、廃棄物を原料とする例として、食品廃棄物からプラスチックを作る研究がある。日本の食品廃棄量は年間2,372万トンであり、そのうち食品ロス量（本来食べられるのに捨てられる食品）は年間522万トンとなり、その内訳は家庭ごみと事業ごみが折半している。この食品廃棄物を利用して生分解性プラスチックであるポリ乳酸を合成する試みが行われている。

食品廃棄物は木質バイオマスとは異なり糖化が容易な特徴を有する。その理由として、食品廃棄物には糖質が豊富に含まれており、アミラーゼ処理を行うことで容易にグルコースへ変換できる。このグルコースを乳酸へ変換し、エステル化、重合を経ることでポリ乳酸の合成が可能になる（**図8-6**）。

プラスチックの持続可能な利用と廃棄物の管理に向けた取り組みは、マテリアルリサイクルとケミカルリサイクルの進歩に加えて、使い捨てプラスチックの削減、代替材料の開発、リサイクルインフラの整備、消費者の意識

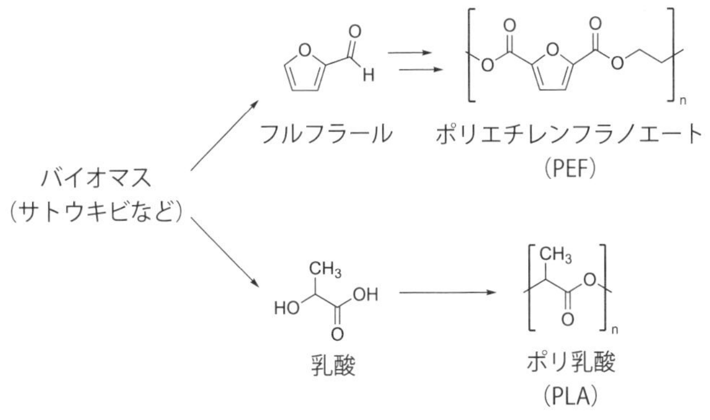

図8-5　バイオマス由来の原料から合成するポリエチレンフラノエートおよびポリ乳酸

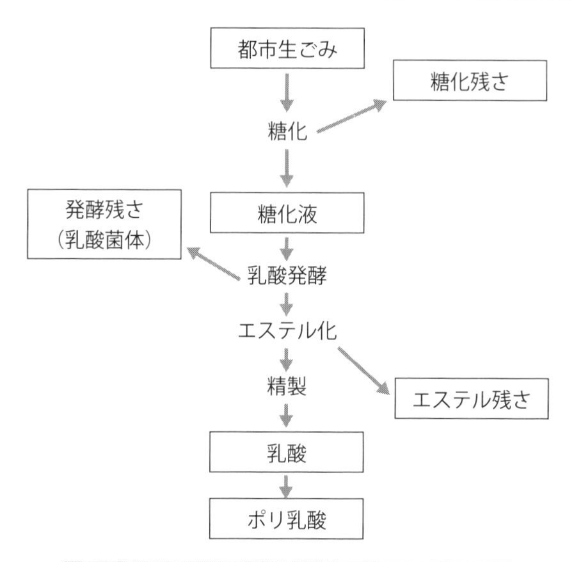

図8-6　ポリ乳酸生産過程における物質収支[注釈4]

改革など、多方面からの取り組みが必要である。これによって、プラスチックの持続可能な生産や利用と環境負荷の軽減が実現する。

日本では、製品の廃棄、リサイクル処理の責任を市場に供給した生産者が負う拡大生産者責任の考え方のもと、容器包装リサイクル法、家電リサイクル法、自動車リサイクル法などの法整備が1990年代から進められた。拡大生産者責任には、廃棄、リサイクル処理にかかるコストを確保しながら、生産者に環境配慮型の製品設計を促す効果が期待されている。

一方でEUでは2022年末に「容器包装および容器包装廃棄物に関する規則（PPWR[注釈5]）案」が提案され、加盟国に対して2030年までに5％、2035年までに10％、2040年までに15％の容器包装廃棄物量削減を求めるとともに、医薬品など一部の製品を除くすべての製品容器について、2030年までにリサイクル可能な設計とすることを事業者に求めている。

また、容器に使用されるプラスチックについても目標を設定し、食品容器のように衛生面での配慮が必要な容器であっても材質がPETの場合には廃棄物からリサイクルされたプラスチックを2030年までに30％、2040年までにすべてのプラスチック材質について50％配合するよう定めている。

このように、循環型社会実現に向けた化学業界を取り巻く環境は国際的にも変化をしている。2023年9月には、国際化学物質管理会議（ICCM[注釈6]）で日本が議長となり、「化学物質と廃棄物の健全な管理」に向け、新たな枠組み文書であるGlobal Framework on Chemicals（GFC）が採択された。GFCでは化学物質のライフサイクル全体にわたる目標とガイドラインを設定することで、化学物質の安全な管理を促進し、化学品バリュー・チェーンの多くのステークホルダーと協調してサステナブルな化学品開発を国際的に推進していく方針が示された。

ポイント

- ☑ プラスチック製品は生活を豊かにするが、廃棄物やマイクロプラスチックなどの問題が深刻化しており、持続可能なリサイクルやアップサイクリングが必要とされている。
- ☑ マテリアルリサイクルやケミカルリサイクルには、効率や技術的な課題も存在し、サーマルリサイクルはCO_2発生などの課題がある。
- ☑ プラスチック原料を化石燃料から再生可能資源や廃棄物由来とする研究や、リサイクルしやすい材料の設計などが進められている。

注釈1　人間の活動に伴うモノの流れや動きを指し、対象とするシステムに投入された物質の量（インプットフロー）、排出された物質の量（アウトプットフロー）、循環利用された物質の量など、モノの流れ全体を指す。

注釈2　https://www.pwmi.or.jp/business/material-flow/より改変

注釈3　3-ヒドロキシブチレート-co-3-ヒドロキシヘキサノエート重合体

注釈4　廃棄物学会論文誌，19, 400-408, 2008より改変

注釈5　Packaging and Packaging Waste Regulation

注釈6　International Conference on Chemicals Management

8-3 企業の社会的責任

CSR（企業の社会的責任[注釈1]）とは、企業の果たすべき役割が、利潤の追求や株主価値の最大化だけにあるのではなく、社会を構成する一員としての責任を負うという考え方である。環境面や人権など社会的側面を含め、持続可能な社会形成のために企業が担う責任の重要性は、国境を越えた普遍的な価値観として認識されるようになり、2010年には社会的責任の国際規格ISO26000が発行されている。

ISO26000では、社会的責任を果たすための原則として「説明責任」「透明性」「倫理的な行動」「ステークホルダー（利害関係者）の利害の尊重」「法の支配の尊重」「国際行動規範の尊重」について解説され、その中核主題として「組織統治」「人権」「労働慣行」「環境」「公正な事業慣行」「消費者課題」「地域社会への参画および発展」が挙げられている。

企業は環境に対する配慮が求められる時代において、環境への悪影響を最小限に抑え、持続可能な事業慣行を確立することが不可欠であるが、これには企業の社会的責任（CSR）や環境、社会、ガバナンス（ESG）への取り組みが、投資家や顧客、一般の人々からも注視されている背景がある。

法令の軽視や目先のコスト意識が、事業において極めて重大なリスクを引き起こすことがある。例えば、2005年に大阪の大手化学メーカーが起こした産業廃棄物の偽装事件で、法定基準を超える環境汚染物質を含む土壌埋め戻し材を製造・販売したことで、元役員に対して数百億円の賠償が命じられ、10年以上にわたる土壌埋め戻しの撤去作業が必要となった。

また、有害化学物質の削減は、その廃棄物処理費用の削減に繋がる。この視点から、「廃棄物＝無駄なコスト」と捉え、このコストを数字で明確に表す環境管理会計を用いたマテリアルフローコスト会計（MFCA[注釈2]）が注目されている。マテリアルフローコスト会計はISO 14053として国際規格にもなっており、資源効率と経済効率の両立を図れる特徴がある。

例えば、化学プロセスを経て製品の製造をする場合、溶媒や未反応物、副生成物、均一触媒などは製品に含まれず、またリサイクルが困難であれば廃棄される。通常の原価計算では、製造において廃棄物が生じたとしてもその原価を計算することはなかったが、MFCAでは廃棄物のコストを分けて計算するため、どこでどれだけ無駄が生じているかを正確に捉え、原価低減に活かすことができる（**図8-7**）。

近年ではCSRの一環として自社の従業員や顧客に対する責任、直接取引のあるサプライヤーにおける人権や環境問題への対処はもちろんのこと、サプライチェーン上流の間接サプライヤーや原料の素材の供給元まで含まれる。例えば、2013年にバングラデシュで起きた裁縫工場の倒壊事故では、死者は1,100名以上にも上った。この事故は、「ザ・トゥルー・コスト～ファストファッション 真の代償～」というタイトルで映画化され、多くのアパレルブランドの下請け企業の労働安全や人権に対する不作為が問題視されたことで、企業責任の一環としてのサプライチェーン管理の重要性を改めて企業に認識させるきっかけとなった。

一方で積極的な法令順守によるブランド価値向上の先駆的な好事例もある。例えば、衣料品ブランド「ユニクロ」を展開するファーストリテイリン

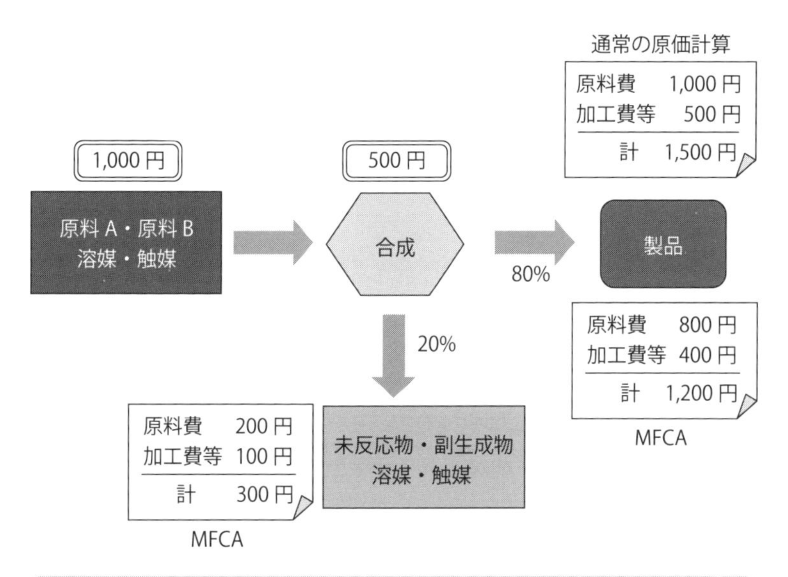

図8-7　化学合成を例にしたマテリアルフローコスト会計（MFCA）の計算例

グは、海外の生産委託先で染料などに使用されていた有害化学物質の使用全廃を宣言した。56工場を対象とした2020年のレポートでは、進捗率99.8%と公表している。この取り組みは、サプライチェーン上流の環境問題に対する社会的責任のあり方の好事例である。

また、食品や化粧品、洗剤といった日用品の原料であるパーム油やパーム核油は、パーム椰子の果実や種から採れる植物油であり、化石資源によらない液体燃料として注目されるバイオディーゼルの原料としての活用も進んでいる。パーム椰子の生産は、他の油脂作物に比べて単位面積あたりの油脂収量が格段に多いこと、樹木の背が低く果実の収穫が容易なこと、様々な分野での需要が高いことから、マレーシアやインドネシア地域の経済を支える一大産業となっている。

一方で、その経済価値の高さから、同地域における熱帯雨林の不法伐採や焼き畑によるプランテーションの拡大が進んでいる。さらに、プランテーションにより分断、縮小を余儀なくされた熱帯雨林では、貴重な生態系の維持に破綻をきたしており、環境NGOは、その責任を現地のプランテーション経営者だけではなく、パーム油のユーザーである食品や日用品メーカーにも求めている。

2010年には、違法伐採されたプランテーションで製造されたパーム油のユーザーであった大手食品メーカーに対する抗議として、非常に過激な抗議内容の動画が環境NGOによってYouTubeに投稿された。その動画は、わずか2ヶ月の間に世界中で150万回以上も再生された。違法伐採に反対する抗議は、またたく間に30万件以上に達し、これにより同社およびチョコレートブランドは経済的に大きな影響を受けた。

この事案は、環境問題に対する取り組みが単なるCSRの範囲にとどまらない、企業の経営リスク・事業リスクに直結する問題として認識を改めさせる世界的な契機となった。これ以後、同社はパーム油を含む原料についての持続可能な調達を方針として掲げた。こうした消費者やNGOからのプレッシャーが、RSPO（持続可能なパーム油に関する円卓会議[注釈3]）などの第三者による森林破壊の監視やトレーサビリティの明確化の普及や拡大に繋がっていくことになる。

欧州では、こうした森林破壊にかかわりの深い農作物（牛肉、カカオ、コーヒー、天然ゴム、パーム椰子、大豆、木材）を原料とする製品について、森林破壊やサプライチェーンにおける人権問題のリスクアセスメントとリスクの軽減措置を含めたデューデリジェンス報告書の提出を企業に求める「森林デューデリジェンス規則」が2023年に欧州議会とEU理事会で採択された。生態系保全や森林保全を無視した製品は、もはや世界の市場では販売することができない。

環境管理は、CSRの一環として、今や企業にとって欠かすことのできない活動である。しかしながら、企業の敷地内から排出される排水や排煙、廃棄物が環境基準を満たしているか、といった環境法令対応や、労働環境の改善による従業員の職業リスクの軽減は、単にCSRとして行われるものではない。従業員や地域社会との関わり自体が、企業にとっての貴重な財産として認知されるようになってきたのと同時に、こうした環境的や社会的側面をおろそかにする行為は、事業の持続可能性にとって著しいリスク要因であるとの認識が広がっている。

ポイント

- ☑ 森林破壊の防止やサプライチェーンの人権、労働衛生管理は重要な企業責任として求められている。
- ☑ CSRは企業にとってリスク管理としてだけではなく機会や財産としても捉えられるようになってきている。

注釈1 Corporate Social Responsibility

注釈2 Material Flow Cost Analysis

注釈3 Roundtable on Sustainable Palm Oil

循環型社会に向けた評価と設計

9-1 LCA

ライフサイクルアセスメント（LCA注釈1）とは、製品やサービスの環境影響を定量的に評価するための手法論として開発され、ISO14040シリーズとして標準化されている。LCAは、製品やサービスの原料製造から、製品の製造、流通、使用、廃棄やリサイクルといった製品の一生（ライフサイクル）を通じたすべての影響を考慮する（**図9-1**）。

2008年から2012年の5年間で先進国のGHG排出量を5％削減することを約束した京都議定書では、欧州の企業が生産拠点を先進国から途上国に移したことにより、欧州各国の削減目標は達成できた。しかし、制約のない途上国地域でのGHG排出が大幅に増え、その結果として地球全体のGHG排出量の合計値はむしろ増加した。規制の枠や評価範囲から漏れた炭素の排出を「カーボンリーケージ（炭素の漏れ）」と言うが、製品ライフサイクルを通じた評価を行うことで、こうしたグリーンウォッシュを避けることができる。

また、製品を設計開発する事業者や担当者が、「ゆりかごから墓場まで」の製品ライフサイクルの視点を持つことにより、環境負荷の全体最適を図る

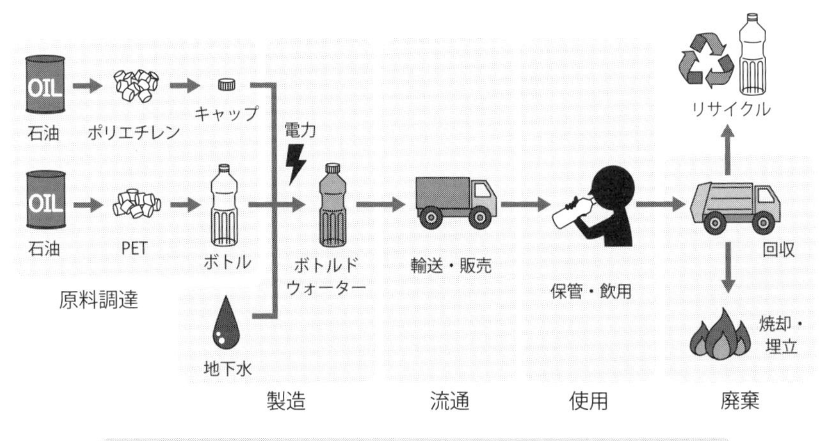

図9-1　製品ライフサイクルのイメージ（例：ボトルドウォーター）

ことを根本的目標としている。

LCAを進めるための手順は、まず「評価の目的と範囲」を設定することから始める。商品開発における環境負荷の削減ポイントを探すためのスクリーニング調査と、環境配慮商品の広告に使用するための評価とでは、自ずと必要となる精度や評価範囲が異なるためである。また、LCAでは、製品やサービスにより提供される「機能」を評価対象とする（**図9-2**）。

例えば、LED照明のLCAを実施する場合には、「800ルーメン相当の明るさ4万時間照らす」といった機能を評価する。一般にLEDの消費電力は白熱電球と比較して8分の1程度であるが、製品寿命が20～40倍と長いため、製品ライフサイクルを通じて消費されるエネルギー量としてはLEDの方が数倍程度大きくなってしまう。

このためLEDと白熱電球とを製品1個同士で単純比較すると、見かけ上LEDの方が環境負荷が大きくなってしまい、正しい意思決定のサポートができない。こういった誤解を招かないため、機能単位を適切に設定することにより、その機能を満たすことのできる製品量や、背景の資源量、廃棄物量から評価をする（**図9-3**）。

この「評価範囲の設定」では、例えば評価対象製品の製造プロセスから副生成物が生産される場合に、その副生成物のライフサイクルを「どこまで評価に含めるか」や、評価対象製品の製造に伴う環境負荷を副生成物との間で「どのように按分（あんぶん）するか」などを検討しなければならない。

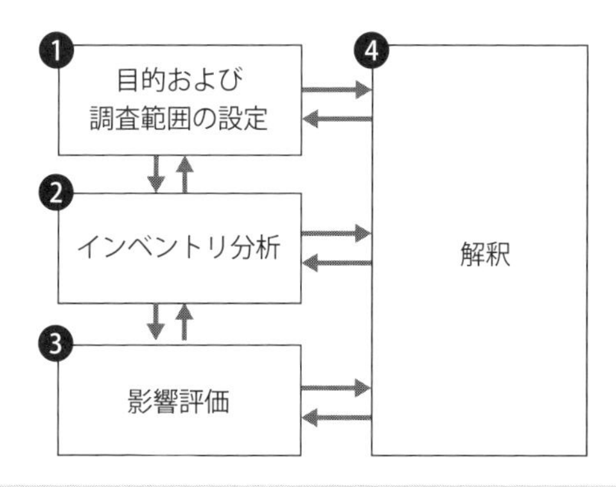

図9-2　ISO 14040に示されているLCAを進めるための手順

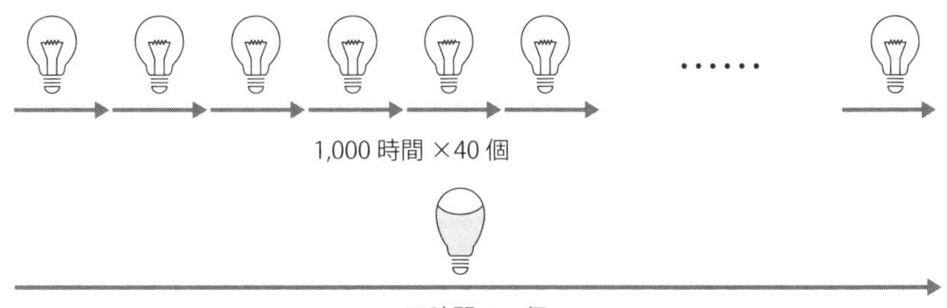

図9-3　LCAでは機能単位をそろえて評価する

次の手順として行うのが「ライフサイクルインベントリ分析」である。インベントリとは在庫や棚卸しという意味であり、製品ライフサイクルを通じて投入される資源やエネルギーや排出される廃棄物（排気ガス、排水、固形廃棄物など）を棚卸しする作業である。重要な原料や化学プロセスについては、実際の投入原料やエネルギー消費量、ロス率などを自社やサプライヤーと協力して調査し、詳細な棚卸しを行うことが望ましい。

ただし、化学プロセスを二次以降の上流サプライヤーで行っている場合には調査にも限界がある。そうした場合には、国内外で様々な組織が開発しているライフサイクルインベントリデータベースを参照することで、当該原料や化学プロセスに関わるインベントリデータを収集することも可能である。

最後の手順として行われるのが影響評価である。インベントリ分析では、単純に物質やエネルギーのインプットとアウトプットを整理したが、それによって気候システムや生物多様性にどのような影響が生じたかを評価する。例えば、ある製品のライフサイクルからCO_2以外にメタンや亜酸化二窒素といったGHGが排出されていた場合には、それぞれのGHGがCO_2に比べてどれだけの温室効果を持っているかを示すGWP[注釈2]を乗じてCO_2相当量に変換し、足し合わせる。

化学物質による影響では、環境中での拡散や分解を評価する運命分析と、その結果、人や環境中の生物がどれだけその物質に暴露されるかを解析する暴露評価を行い、物質が持つ毒性と掛け合わせることにより人や生態系への影響度を計算する。こうした、インベントリをもとに環境影響を評価する過程を「特性化」といい、GWPのような特性化を行うための係数を「特性化係数」という。

ISO 14040/14044で規格化されたLCAは、この特性化まで行うことが必須条件として示されている。影響評価手法は、日本、米国、欧州などで開発が進んでおり、それぞれの手法によって評価する被害対象や、インベントリによる影響度を推定する計算モデルに違いがあり、実施者が評価の目的に応じて選択する。

例えば、機能が同じ製品AとBに関連するGHG排出量をLCAで比較する場合には、これら製品に対する評価範囲を設定し、ライフサイクルインベントリ分析によって資源採掘、生産、流通、消費、処分や処理の全過程におけるCO_2を含むGHGの排出量を棚卸しする。その後にそれぞれのGHG排出量にGWPを乗じてCO_2相当量に変換して足し合せる。その結果を比較することで、製品ライフサイクルを包括的に考慮した上で製品AとBを評価することができる。

環境負荷削減を検討する際には、例えばGHG排出を削減することができても、水資源の消費や土地改変などの他領域で影響が増える場合がある。こうしたトレードオフを極力緩和するために、単一指標だけに注目するのではなく広範な影響領域を評価、検討しておくことも重要である。

近年では、環境に対する影響だけでなく、労働時間や児童労働など社会影響に着目した社会LCAの新しい国際規格ISO 14075の開発も進められており、近い将来、環境と社会の両面から製品のサステナビリティを評価することが当たり前となるかもしれない。

ポイント

- ☑ LCAは製品やサービスの環境影響を定量的に評価する手法であり、環境負荷を最適化する手段として利用されている。
- ☑ LCAでは「ゆりかごから墓場まで」の製品ライフサイクルを評価する。
- ☑ LCAは「目的と評価範囲の設定」「ライフサイクルインベントリ分析」「影響評価」の3段階で実施される。

注釈1 Life Cycle Assessment

注釈2 Global Warming Potential

9-2 フットプリント

製品やサービスが抱える環境影響の大きさを、その製品の足跡として「フットプリント」という。例えば製品ライフサイクルを通じたGHG排出量を「カーボンフットプリント」という。これはLCAの評価結果の中から気候変動の影響だけを抜き出したもので、国際規格ISO 14067として規格化されている。日本でも2009～2011年の試行事業を経て、現在では製品のLCAの開示を行うエコリーフ環境ラベルプログラム注釈1と統合され、消費者コミュニケーションの手段としても活用されている。

また、各種の環境影響を、地球環境が吸収するために必要な面積として正規化し、足し合わせた指標は「エコロジカルフットプリント」といい、国際研究機関のGreen footprint networkや国際NGOのWWF（世界自然保護基金注釈2）が毎年、国別と世界全体の経済活動のフットプリントの大きさを評価し公開している。例えば排出するCO_2の発生を吸収するために必要な土地や水域として以下の場所が挙げられる（**図9-4**）。

環境フットプリント（Environmental footprint）は、欧州で進められているLCAを基本とした製品やサービスの標準評価規格と、消費者へのコミュニケーションを目的としたラベル制度を指す。環境フットプリントは、2013年から2018年までパイロット事業としてセクタールールの開発とそれに基づいた評価が試行され、気候変動、水資源消費、化石資源消費など16項目（**図9-5**）の影響領域について評価した結果を、専門知識を持たない一般の消費者にも分かりやすく伝えるための表示方法の模索が、今なお続いている。

同制度では、LCAによる評価結果を製品の環境ラベルとして表示することで、製品間の比較を可能とすることを一つの目的にしている。しかしながら、評価者による誤差や不確実性の大きなLCAの結果に関する製品間比較には批判も多く、制度の本格施行には至っていない。

耕作地	食物、繊維物、油料、ゴムなどの生産に使用される土地
牧草地	食肉、乳製品、皮革、羊毛などの家畜を養うために使用される土地
森林	木材、薪、パルプなどの生産に使用される土地
漁場	水産物の生産に使用される海洋と淡水
二酸化炭素吸収地	二酸化炭素を吸収する森林の面積
生産阻害地	建物、道路、ダムなどに使用される土地

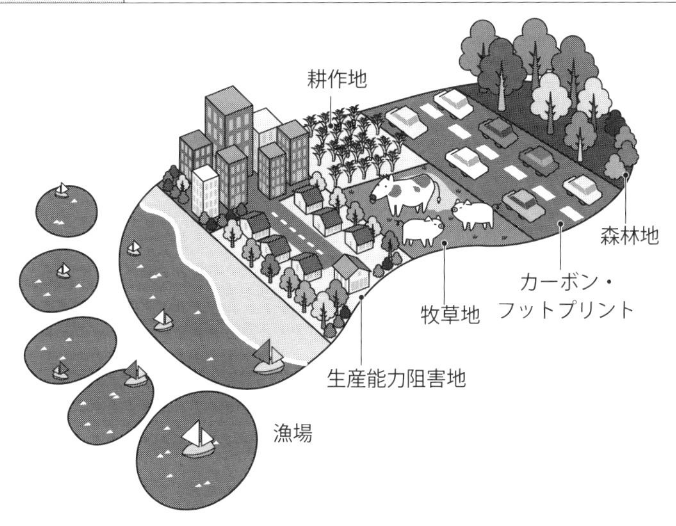

図9-4　エコロジカルフットプリントの土地や水域の種類やそのイメージ 注釈3

評価カテゴリー	単位	評価カテゴリー	単位
気候変動	kg-CO_2 eq	酸性化	mol H^+ eq
水資源消費	m^3 depriv.	富栄養化（陸域）	mol N eq
オゾン層破壊	kg-CFC11 eq	富栄養化（水域）	kg-P eq
ヒト健康（発がん）	CTUh	富栄養化（海域）	kg-N eq
ヒト健康（発がん以外）	CTUh	光化学オゾン	kg-NMVOC eq
粒子状物質（PM）	decrease inc.	土地利用	Pt
化石資源消費	MJ	生態毒性（水域）	CTUe
鉱物資源消費	kg-Sb eq	電離放射線	kBq U235 eq

図9-5　環境フットプリントが評価の対象とする16カテゴリーとその単位

ポイント

- ☑ LCAのなかで、CO_2などのGHGの排出量に着目した評価をカーボンフットプリントという。
- ☑ 欧州では消費者への情報開示を目的に、LCA（環境フットプリント）の環境ラベルとしての活用が検討されている。

注釈1　製品のライフサイクルステージにわたる環境情報を定量的に開示する日本発の環境ラベル

注釈2　World Wide Fund for Nature

注釈3　https://ecofoot.jp/ より改変

9-3 GHGプロトコル

CO_2は−78.5℃以下にまで冷却すれば固体（ドライアイス）となり、見たり触れたりできるが、常温常圧の状態では透明な気体であるため、目に見えない。それでは、経済活動によって発生するCO_2やメタンなどのGHGの排出量をどのように測定しているのか？

多くの場合、企業が行う様々な事業活動にともなう「活動量」に、「排出係数」を乗じることで、間接的にGHGの排出量を把握している。例えば、営業車で商品を販売店まで配送する時に消費されたガソリンの量が、活動量に当たる。一方、ガソリンを燃焼させた時に発生するCO_2の量は、ガソリンを構成する炭化水素の配合率と分子構造によって決まり、1L消費するごとに2.322kgのCO_2が排出される。

しかしながら、ガソリンは近所の土地から湧いて出てくるものではない。産油国で原油が採掘され、消費地まで運ばれ、精製を経てガソリンという燃料が生産されているが、こうした採掘や輸送、精製といったガソリンの生産に関わるプロセスでも、様々な資源やエネルギーが投入され、CO_2を含めたGHGが排出されている。

こうした企業による経済活動に伴って排出されるGHGを、どのように計算するかを定めているのが、「GHGプロトコル」と呼ばれる手順書である。GHGプロトコルでは、企業のGHGの排出について、ガソリンや都市ガスなどの燃料を消費したことによる直接排出を「スコープ1」、電気などの他者から供給されるエネルギーを利用したことによる間接的な排出を「スコープ2」、購入した原料の製造や販売した製品の使用時といったバリューチェーンで発生する間接的な排出を「スコープ3」と分類している。

さらにスコープ3については、原料など「他者から購入した製品およびサービス」に伴うGHG排出をカテゴリー1、「販売した製品の使用」に伴うGHG排出をカテゴリー11、というように、計上するカテゴリーが細かく定められている（**図9-6**）。

以前は、企業が責任を負うべき排出は、自社の意思決定が及ぶスコープ1

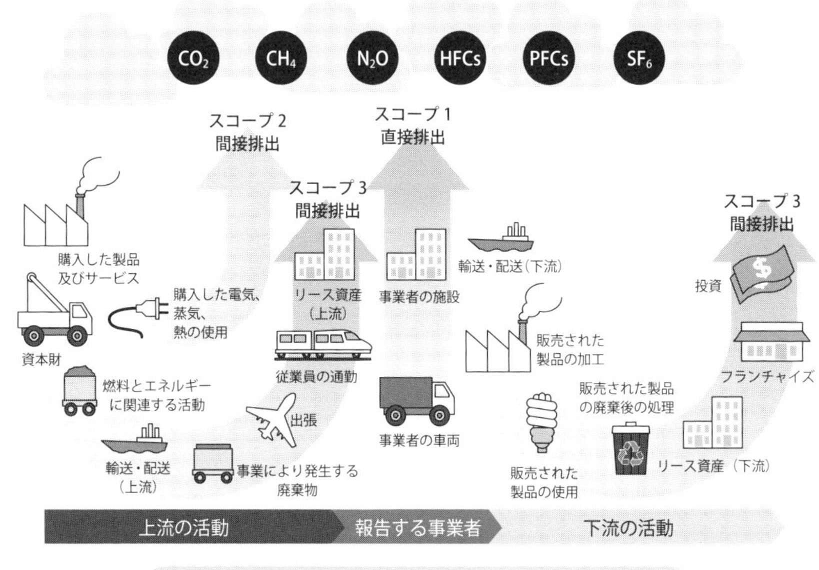

図9-6　GHGプロトコルにおけるスコープ1～3の概要

LCA		スコープ3
・ISO 14040/44、ISO TS 14072	参照規格	・GHG Protocol Corporate Standard
・気候変動を含む環境影響が対象	影響領域	・気候変動のみが対象
・社内関係者、取引先、消費者への情報提供が主な目的 ・スコープは目的に応じて設定	目的とスコープ	・投資家への説明責任が主な目的 ・スコープをガイドラインで明確に規定（算定するかどうかは自由）
・上流、下流はモノの流れで規定 ・評価物に投入/排出された資源、エネルギー、廃棄物が対象 ・間接部門は含まないことが多い ・再エネ電力のGHG排出量はゼロではない（設備製造などの影響がLCIデータに含まれている）	その他算定方法など	・上流はお金を支払う活動、下流はお金を受け取る活動 ・評価期間内の支払い/販売した活動が対象 ・評価期間内の活動を間接部門を含めて算定 ・他者から調達される再エネ電力の設備製造のGHG排出を計上するカテゴリーが設定されていない

図9-7　LCAとGHGプロトコルにおけるスコープ3との比較

とスコープ2に絞られていたが、近年ではスコープ3まで含めて排出と削減に責任を持つべきという考え方が主流になりつつある。これは、多くの企業にとって、自社の工場で排出されるGHGよりも、バリューチェーンで間接的に排出されるGHGの方が何倍も大きく、スコープ1とスコープ2を削減するだけでは社会全体の削減への貢献に限りがあるからである。

GHGプロトコルによるGHG排出量の算定は、LCAと非常によく似ているが相違点もある（**図9-7**）。まず算定の目的として、LCAでは教育や新製品の環境性能のシミュレーションなど様々であるが、スコープ1～3はESG投資家向けの情報開示を主な目的としている。また、GHGプロトコルではスコープ3に該当する企業活動を15のカテゴリーに分類し、金銭の支払いを伴う活動をサプライチェーンの上流、収入に伴う活動を下流と位置付けている。例えば自社が荷主となる出荷物流は、LCAではサプライチェーンの下流として扱われるが、スコープ3では輸送費の支払いを伴うため上流輸送としてカテゴリー4に分類される。

ポイント

- ☑ CO_2の排出量は目に見えないが、活動量に排出係数を乗じて計算することができる。
- ☑ 企業はGHGプロトコルの手法に基づいて毎年GHG排出量を計算し、ESG情報の一環として開示することが求められている。

9-4 バリューチェーン外の新しい価値

炭素繊維は、その強度と軽さから航空機体の素材として活用され、燃費の改善に大きく貢献している。日本化学工業協会の発表によると、羽田空港と千歳空港を年間1,000往復する航空機に採用した場合、1年間で削減できるGHG排出量は2,700t-CO_2e[注釈1]に及ぶ。この削減は明らかに炭素繊維素材メーカーの貢献であるが、GHGプロトコル・スコープ3基準では、2,700t-CO_2eの削減ではなく、炭素繊維を採用した航空機が排出したGHG排出量を素材メーカーのカテゴリー11に追加して報告することを求めている。炭素繊維を採用した航空機が排出したGHG排出量は、この炭素繊維によって改善された燃費の効果を含んでいるため、そこから削減貢献分を差し引くことはダブルカウントに当たるからである。

もしも、この企業が以前から航空機の機体素材を製造や販売をしていた場合は、重い機体や悪い燃費を前提としたGHG排出量から、炭素繊維によって軽量化し燃費が改善されたGHG排出量へと、スコープ3排出量が削減されたと評価することができる。しかし、以前の機体素材が炭素繊維メーカーとは別のアルミ合板メーカーから提供されていた場合には、炭素繊維メーカーは航空機の燃料消費に伴うGHG排出を新たに計上し、純増分として報告しなければならない。

一方で採用のなくなったアルミ合板メーカーにとっては、航空機のGHG排出がスコープ3から失われることにより大きな削減を達成したように見える。世界全体を見てみれば、炭素繊維による軽量化によって明らかにGHG排出が削減されているにもかかわらず、スコープ3ではそうした主張を行うことができない。こうした、企業による社会全体のGHG削減への貢献を可視化する方法として、言い換えれば企業がGHG排出量に対する課題解決力を評価する方法として「削減貢献量（Avoided Emissions)」がある。

例えば、A社の電子レンジは年間100時間使用した場合のGHG排出量が1台あたり4kg-CO_2eだとする。2023年にこの電子レンジを1,000台販売したとすると、合計排出量は4,000kg-CO_2eになる。ところが2024年にB

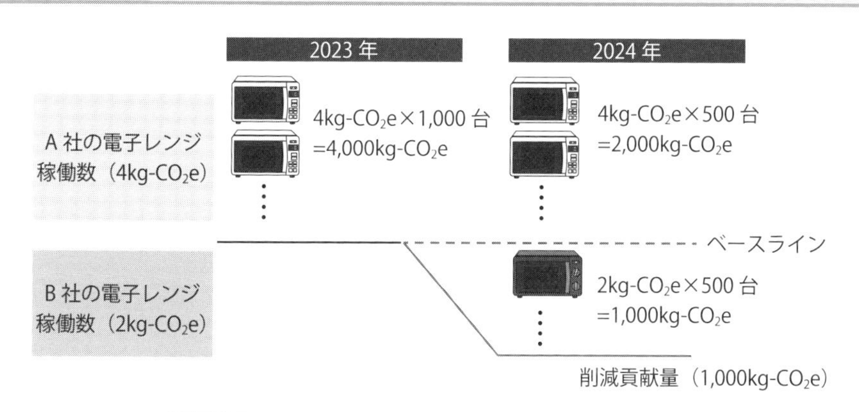

図9-8　社会のGHG排出削減に貢献している企業の評価法

		排出削減	削減貢献	炭素除去への貢献
バリューチェーン内	直接操業	直接排出の削減	—	直接排出の炭素除去
	上流または下流	間接排出の削減	削減貢献量	間接排出の炭素除去
バリューチェーン外		—	BVCM（削減クレジットの購入など）	BVCM（投資などによる炭素除去）

図9-9　削減貢献量とBVCMの整理

社がGHG排出量2kg-CO_2eの新しい電子レンジを発売し、A社の電子レンジ500台がB社の電子レンジに買い換えられたとする（**図9-8**）。この年の電子レンジから排出されるGHG排出量は、買い換えによって3,000kg-CO_2eとなる。もしA社の電子レンジがそのまま稼働していた場合の排出量を「ベースライン」とすると、そこから減った排出量は1,000kg-CO_2eとなり、これがB社の「削減貢献量」になる。

また、自社のバリューチェーンと関わりのない脱炭素プロジェクトへの貢献についても、BVCM（バリューチェーンを超えた緩和[注釈2]）という新たな枠組みがある。森林保全やDAC（直接空気回収技術[注釈3]）への投資や炭素クレジットの購入など、従来のスコープ1〜3の排出削減を超えて、様々な形での努力が企業に求められるようになってきている（**図9-9**）。

ポイント

- ☑ **スコープ3では表現できないGHG排出削減の形がある。**
- ☑ **自社の事業と関わりのない領域での炭素削減除去への投資による貢献も求められている。**

注釈1 CO_2 equivalentの略で、地球温暖化係数（GWP）を用いて、様々な種類の温室効果ガスの量をCO_2相当量に換算した数値（t＝トン）

注釈2 Beyond Value Chain Mitigation

注釈3 Direct Air Capture

9-5 気候や自然関連リスクとシナリオ分析

WMO（世界気象機関注釈1）とEUのコペルニクス気候変動サービスは、2023年7月の世界の平均気温が観測史上最高となる見通しと発表した。メーン大学気候変動研究所（アメリカ）によると7月6日には世界の平均気温が17.23℃に達し、世界各地で気象災害も頻発した（**図9-10**）。

ハワイのマウイ島ではハリケーンの強風によって切れた電線から大規模な山火事が発生し、死者115名、行方不明者66人を数える大災害となった。気候変動の影響による大規模な気象災害が、企業の持続的な成長や世界経済にとって大きなリスクになると考えられるようになってきた。

G20財務大臣・中央銀行総裁会議からの要請を受ける形でFSB（金融安定理事会注釈3）に設置されたTCFD（気候関連財務情報開示タスクフォース注釈4）は、気候に強靭な金融・経済の実現のため、企業に対して気候関連のリスクと機会を分析し、取締役会の強いリーダーシップの下でリスクの管理と情報開示を求める最終報告書を2017年に発表した。

気候変動への対応は、もはや企業のCSR部や環境部の担当者だけの問題ではなく、経営の問題であることを企業に突き付けている。IFRS（国際会計基準）財団の国際サステナビリティ基準審議会（ISSB）は、TCFD提言

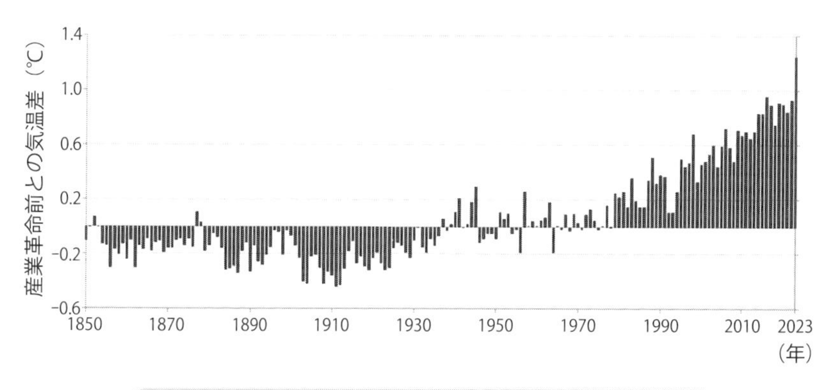

図9-10　2023年は過去に類を見ない高気温を記録した注釈2

を引き継ぐ形でサステナビリティに関わる情報開示基準を取りまとめ、「IFRS S1（一般サステナビリティ開示事項）」「IFRS S2（気候関連開示事項）」として2023年に発表した。企業は、将来予想される気候に関連する事業影響を定量的に把握し、「ガバナンス」「戦略」「リスク管理」「指標と目標」の枠組みに従ってスコープ1〜3のGHG排出量とともに開示することが要求される。

戦略の開示においては、「1.5℃目標を達成した脱炭素の世界（1.5℃シナリオ）」や「気候変動の緩和に失敗して気温が4℃上昇してしまった世界(4℃シナリオ)」など、複数の将来シナリオを仮定し、その条件下で起こりうる事象のリスクを金額換算して、重篤なリスク要因を特定することが求められる。1.5℃シナリオでは、炭素税などの強力な脱炭素政策や、消費者意識の向上やグリーン市場の拡大による事業機会や財務リスクを評価し、4℃シナリオでは気温上昇に伴う干ばつや大型台風やハリケーンによる水害のリスクを評価することが一般的である。

しかし英国の科学雑誌NatureがIPCC第6次評価報告書の執筆者に行ったアンケートでは、回答者の約半数が、2100年までに地球の気温は3℃上昇するだろうと予想しており、「1.5℃を目標として多くの国で脱炭素規制や税制が導入されたが、結果として気温が3℃上昇してしまった世界」が最も可能性の高い将来シナリオとして設定されるべきかもしれない（**図9-11**）。

こうしたサステナビリティに関わるリスク管理の流れは、生物多様性にも

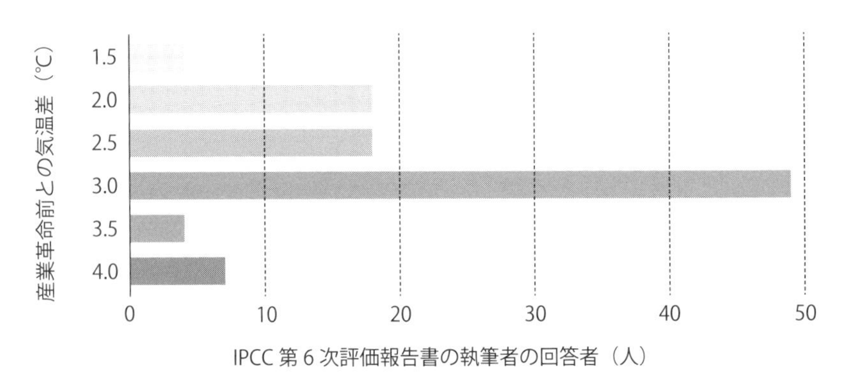

図9-11　気候科学者が考える気温上昇の予想

ガバナンス	気候関連のリスクと機会に関わる組織のガバナンス体制を開示する
戦略	気候関連のリスクと機会による組織の事業、戦略、財務計画への潜在的な影響を開示する
リスク管理	気候関連リスクについて、組織がどのように識別、評価、管理しているかについて開示する
指標と目標	気候関連のリスクと機会を評価し、管理する際に用いる指標と目標について開示する

図9-12　TCFDの開示基準の枠組み

及んでいる。UNEP（国際連合環境計画注釈5）やWWFなどを中心に組織されたTNFD（自然関連財務情報開示タスクフォース注釈6）は、生物多様性を含む自然関連の事業リスクと機会についての開示基準を公開し、TCFDと同じように生物多様性や自然に関わる財務リスクの定量化と開示を求めている（図9-12）。

ポイント

- ☑ **市場は気候問題や自然・生物多様性に関連するリスクおよび機会の管理と情報開示を新たな義務として経営者に課している。**
- ☑ **リスク分析は様々な自然科学・社会経済シナリオに基づいて実施される。**

注釈1 World Meteorological Organization

注釈2 https://www.ncei.noaa.gov/access/monitoring/monthly-report/global/202308より改変

注釈3 Financial Stability Board

注釈4 Taskforce on Climate-related Financial Disclosures

注釈5 United Nations Environment Programme

注釈6 Taskforce on Nature-related Financial Disclosures

9-6 企業における評価の実践

2000年に英国で誕生したCDPは、企業にGHG排出と気候対策の開示を迫る国際NGOである。発足当時は「Carbon Disclosure Project」という名称で活動していたが、2010年から水セキュリティ、2012年から森林についても活動範囲を広げたことにより、組織名をCDPへと変更した。CDPへの企業の回答は、DJSI（Dow Jones Sustainability Index）などのESG(環境・社会・ガバナンス)注釈1格付けにも参照されることから、CDPによる企業評価は株式市場に対しても一定の影響力を持つ。

CDPのアンケートに回答する企業数は年々増え続け、2022年には世界で18,603社、日本でも1,695社が回答を行った（**図9-13**）。アンケートでは、スコープ1～3のGHG排出量の実績、排出削減に向けた方針、ガバナンス体制、気候に関連するリスクと機会、リスク緩和のための取り組みなど幅広い内容の開示が求められる。

さて、CDPのアンケートに回答するためにはスコープ3を算定しなければならず、そのためにはLCAのスキルが絶対的に必要となる。言い換えれ

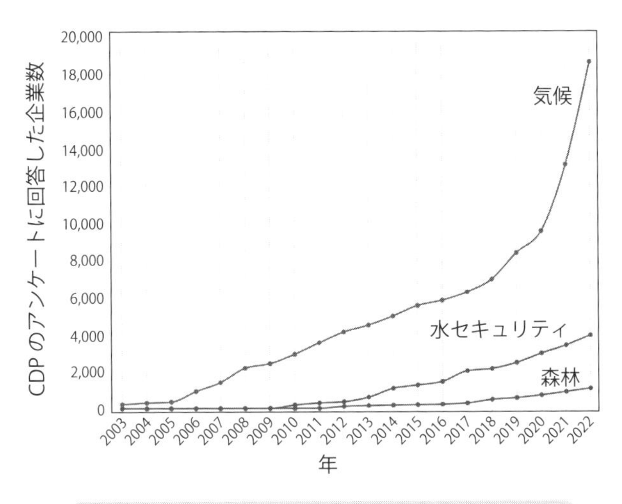

図9-13　CDPのアンケートに回答した企業数の推移

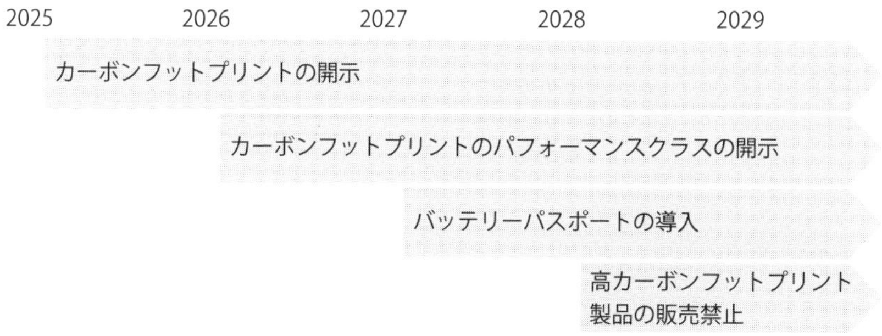

2025	2026	2027	2028	2029
カーボンフットプリントの開示				
	カーボンフットプリントのパフォーマンスクラスの開示			
		バッテリーパスポートの導入		
			高カーボンフットプリント製品の販売禁止	

図9-14　EUバッテリー規則による情報開示

ば、日本でも1,700社に迫る企業で組織を対象としたLCAが取り入れられ、GHG排出削減の管理に活用されているということである。今後は、ISSBが発行した「IFRS S2」により、スコープ1〜3排出量の報告が開示基準に含められることになり、ますますライフサイクルの視点、バリューチェーンの視点で炭素管理に取り組む企業が増えることが予想される。

製品を対象としたLCAでも実践が加速している。EUでは、すべての製品について環境配慮設計と情報開示を課すエコデザイン規則（EUDR）に先行して、2023年にEUバッテリー規則が施行された。2025年以降はすべてのバッテリー製品を対象としてカーボンフットプリントの開示が義務化されることとなり、さらに2028年には、カーボンフットプリントの大きな製品について販売禁止が計画されている（**図9-14**）。日本でも、カーボンフットプリントを含めた製品LCAの評価結果の開示件数が年々増加してきており、証拠に基づいた透明性の高いコミュニケーションへのニーズが付加価値と規制の両面から高まりを見せている。

ポイント

- ☑ **LCAによる評価結果は企業にとっても製品に重要な評価指標である。**
- ☑ **EUでは、LCAの開示とパフォーマンスの改善が義務化されつつある。**

注釈1　Environment, Society, Governance

9-7 CO_2から見る持続可能な製品設計と国間格差

IPCC第5次評価報告書では、地球の平均気温の上昇幅が、過去の大気への累積炭素排出量に比例することが示された。様々な正負のフィードバックの影響を受ける複雑な気候システムの変化が、累積炭素排出量という非常に単純な変数一つで説明される結果に、多くの専門家が驚いた。もしも平均気温の上昇を1.5℃以下に抑えようとするならば、現在までに大気中に排出された炭素量はすでに確定していることから、人類に許された残りの炭素排出量を簡単に計算できることになる。この許された残りの炭素排出量のことを指して「カーボンバジェット」という。

この先の未来に渡って、1.5℃目標を前提としてカーボンバジェットの限界が決められるということは、必然的に使用できる石油や石炭などの化石資源量に限りがあることを意味する（**図9-15**）。IPCC第5次評価報告書が発表された2015年以前には、地球上に存在する資源量が人類が利用できる化

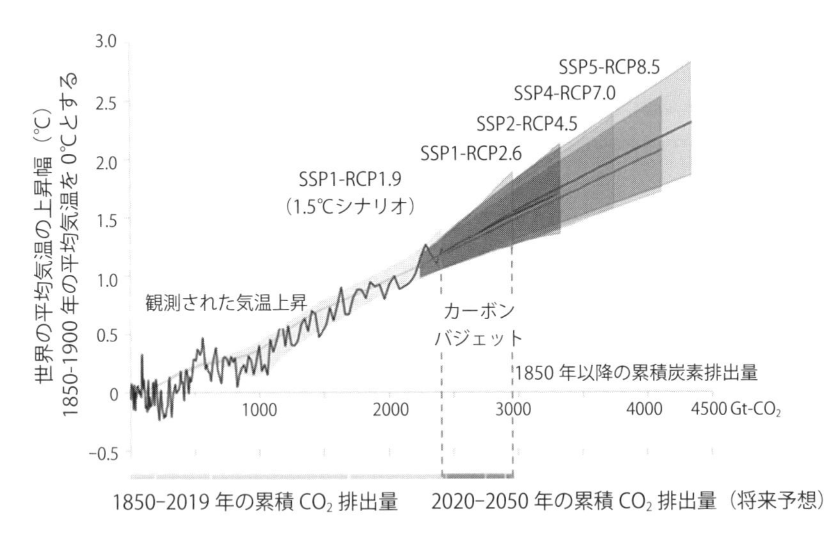

図9-15　1.5℃目標達成に許されたカーボンバジェット 注釈1

石資源量の限界値であったが、1.5℃目標の下では気温によって化石資源の限界利用量が決められることになる。埋蔵量全てを使ってしまうと地球の気温が高くなりすぎるため、もはや私たちには石油を使い尽くすことは許されない。つまり、「石油はもう枯渇しない世界」に突入したのだ。

また、将来の気候変動を予測する際の社会・経済がどのような状態になっているかを設定したシナリオを「SSP（共通社会経済経路注釈2）」という。IPCC第5次評価報告書までは、放射強制力を示すRCPシナリオと独立して書かれていた。しかし、RCPを成立させるためには、ある程度のRCPシナリオを実現できる社会経済シナリオが付随すると考えられ、SSPが併用されるようになった。

持続可能性を重視した「成長と平等」な世界を**SSP1**、これまでの歴史的な流れのパターンにほぼ沿った「中庸」な世界を**SSP2**、ナショナリズムによる「分断された世界」を**SSP3**、「不平等」がますます拡大する世界を**SSP4**、経済生産高とエネルギー使用量が急速かつ無制限に増加する世界を**SSP5**と分類している。

1.5℃目標を目指す世界では、否応なく循環型の製品設計が求められ、当然であるが、原料となる化学物質についても同様である。また、製品の耐久性を上げて繰り返し利用に耐えられる設計とすることで消費者によるリユースを促したり、異材質の組み合わせを可能な限り避けて単一素材設計とすることで、リサイクル適性を向上させたりすることが重要視される。

2–5節で説明した通り、海洋プラスチック問題で目の敵にされることのある飲料ペットボトルは、実はリサイクル適性の点で最優等生の容器だ。PET樹脂へのリサイクルを考慮して、すべての国内飲料メーカーが無色透明な製品デザインで統一し、必要な製品表示はボトルから剥がしやすいフィルムラベルに施している。日本では販売した飲料ペットボトルのうち約95%が回収され、約85%がボトルや繊維などの素材としてリサイクルされている。これは欧州の約40%やアメリカの20%と比べても非常に高いリサイクル率の実績を有していることになる。このような高いリサイクル率は、飲用後に水で洗って、ラベルとキャップを外して分別する消費者の協力と、多くの技術的な課題を乗り越えてボトルからボトルへの水平リサイクルを実現したリサイクラーの努力の賜物である（**図9-16**）。

図9-16　市場から回収されたペットボトルとペットボトルのリサイクル設備（協栄産業提供）

しかし、世界に目を向けると、リサイクルどころか、焼却や埋め立てといった通常の廃棄物処理の社会システムさえ備わっていない途上国も多い。回収されないゴミや廃棄物が雨に流され、最終的に海洋プラスチックになっている実態を見過ごしているのである。こうした途上国への基本的な社会システムの実装と消費者のマナー向上が、持続可能な地球環境にとって極めて重要な課題である。

ポイント

- ☑ 気候変動の気温上昇幅は過去の累積 CO_2 排出量によって決まる。
- ☑ 1.5℃目標の達成には資源の循環利用が極めて重要である。
- ☑ 持続可能な地球環境を達成するには、社会システムの実装と消費者のマナー向上が必要である。

注釈1　IPCC第6次評価報告書より改変

注釈2　Shared Socio-economic Pathways

9-8 EUの環境政策

EUは、2050年までに気候中立を達成するという目標を掲げ、化学物質による汚染のない、公正で包摂的な社会の実現と、そのためのサステナブル投資の促進を柱としたグリーンディール政策[注釈1]を2019年に発表した。パリ協定では努力目標と位置づけられた1.5℃目標を、2021年のグラスゴー気候合意よりも2年も前に独自に政策に取り入れただけでなく、気候対策を含めた持続可能な社会の構築を好機と捉えて、積極的に投資が生まれる環境を整えている。

<table>
<tr><th colspan="2"></th><th>領域</th><th>規制</th><th>目的</th></tr>
<tr><td rowspan="14">グリーンディール政策</td><td rowspan="10">EUタクソノミー</td><td rowspan="3">気候変動の緩和と適応（Fit for 55）</td><td>EU Climate Law</td><td>2030年GHG排出55％削減と2050年ネットゼロ</td></tr>
<tr><td>EU-ETS</td><td>企業のGHG排出削減</td></tr>
<tr><td>CBAM</td><td>EU内外での炭素税格差の解消</td></tr>
<tr><td rowspan="2">循環経済</td><td>ESPR/DPP</td><td>製品の環境配慮設計とデジタル製品パスポートによる情報開示</td></tr>
<tr><td>PPWR</td><td>容器包装の循環（リユース、リサイクル）推進</td></tr>
<tr><td>生物多様性</td><td>EUDR</td><td>森林破壊と人権問題の解決</td></tr>
<tr><td rowspan="3">汚染防止</td><td>REACH</td><td>化学物質管理</td></tr>
<tr><td>RoHS</td><td>有害物質の使用制限</td></tr>
<tr><td>IED</td><td>産業からの大気汚染物質抑制</td></tr>
<tr><td>水と海洋資源</td><td>MSFD</td><td>海洋環境の保全と維持</td></tr>
<tr><td rowspan="4"></td><td rowspan="3">情報開示</td><td>SFDR</td><td>ESG投資と情報開示の促進</td></tr>
<tr><td>CSRD</td><td>企業のサステナビリティ情報開示の促進</td></tr>
<tr><td>CSDDD</td><td>環境問題と人権問題の解決</td></tr>
<tr><td>コミュニケーション</td><td>GCD</td><td>環境訴求の信頼性向上とグリーンウォッシュの防止</td></tr>
</table>

図9-17　EUのサステナビリティ政策

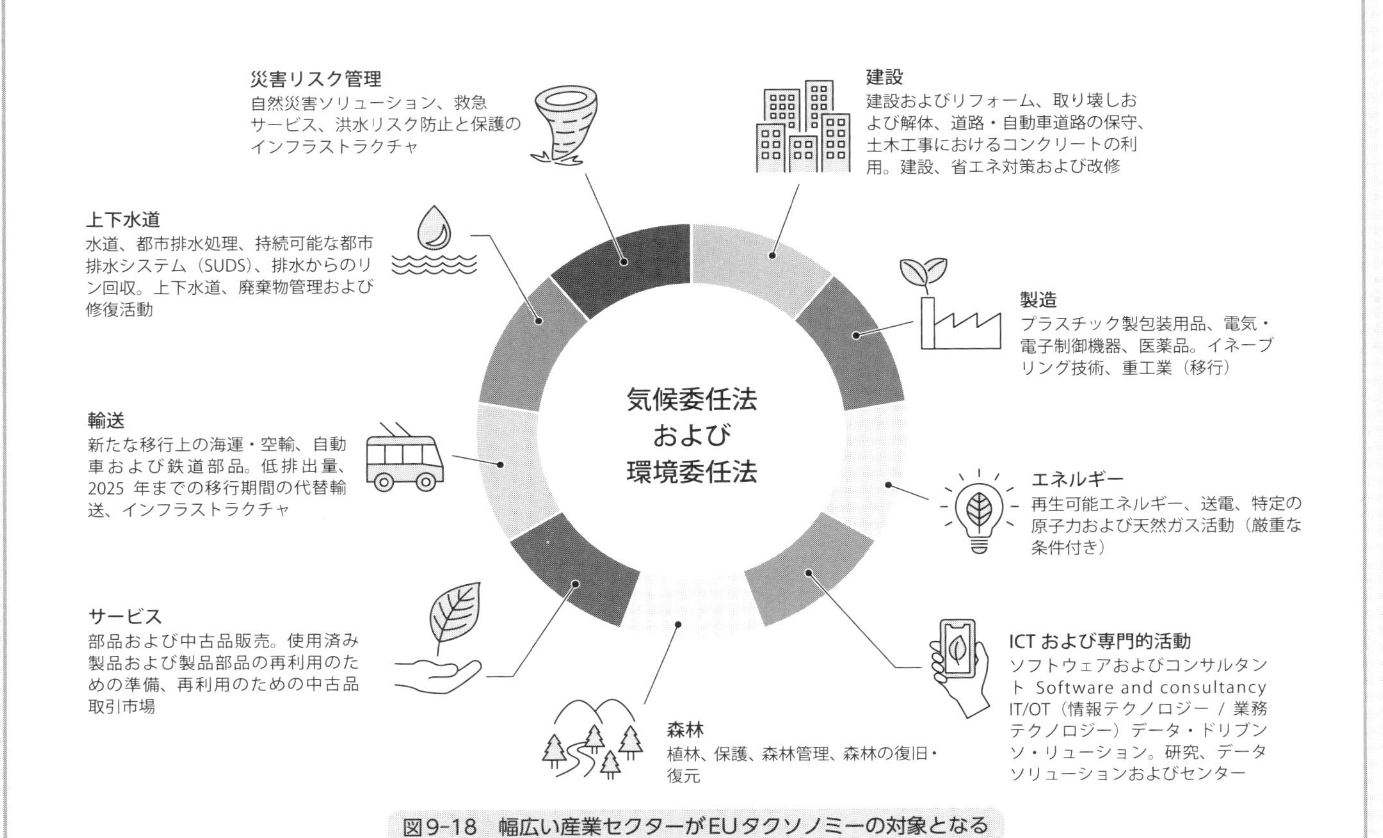

図9-18　幅広い産業セクターがEUタクソノミーの対象となる

2021年に発表されたEUタクソノミー注釈2は、グリーンディール政策を実現するための領域と閾値を定めたものだ（**図9-17**）。タクソノミーとは日本語で「分類学」を意味する言葉で、持続可能な社会にとって必要と考えられる投資先を「気候変動の緩和」「気候変動への適応」「水・海洋資源」「循環経済」「汚染防止や管理」「生物多様性」とし、投資を受けるための最低限の能力を示した。2022年には、天然ガスや原子力発電の利用を気候変動の緩和策の一つとして認めるなど、気候中立という理想の実現に向けて、現実を見据えた柔軟な姿勢も見せている。

そのうえで、グリーンディールとEUタクソノミーを中心として、気候変動に対応する欧州気候法（European climate law）、循環経済を実現するための新サーキュラーエコノミー行動計画として容器包装と容器包装廃棄物規則（PPWR注釈3）や製品エコデザイン規則（ESPR注釈4）、化学物質管理のREACH規則注釈5、生物多様性や森林保全を目的とする森林破壊防止規則（EUDR注釈6）といった具体的な行動計画や規制が整備され、そうした様々なサステナビリティに関わる情報を、製品を介して消費者に伝達するコミュニケーションツールとして環境フットプリント制度やデジタル製品パスポートが、さらに企業単位での情報開示規制として企業サステナビリティ報告指令（CSRD注釈7）が用意されている（**図9-18**）。

ポイント

- ☑ **2050年までに気候中立を達成するためEUはサステナブル投資の促進を柱としたグリーンディール政策を作った。**
- ☑ **グリーンディール政策のもとで、容器包装と容器包装廃棄物規則、製品エコデザイン規則、化学物質管理のREACH規則、生物多様性や森林保全を目的とする森林破壊防止規則などの行動計画や規制が整備された。**
- ☑ **企業は環境フットプリント制度や企業サステナビリティ報告指令を通じて情報を開示し、消費者にサステナビリティに関する情報を伝達している。**

注釈1　環境保全や再生可能エネルギーなどの産業分野に大規模な投資を行い、新たな雇用を創出し、経済活性化を目指す政策

注釈2　欧州連合（EU）が企業の経済活動が環境に持続可能かどうかを判定し、グリーンな投資を促すための分類システム

注釈3　Packaging and Packaging Waste Regulation

注釈4　Ecodesign for Sustainable Products Regulation

注釈5　Registration, Evaluation, Authorization and Restriction of Chemicals

注釈6　EU Deforestation Regulation

注釈7　Corporate Sustainability Reporting Directive

9-9 社会問題と環境課題

2019年末に中国で発生したCovid-19パンデミックは、年が明けると瞬く間に世界を席巻した（**図9-19**）。多くの人が感染を恐れて旅行や外食を自粛し、世界経済に大きな損失をもたらした。それでは、Covid-19パンデミックによって、世界のGHG排出はどれだけ削減されただろうか？Carbon monitor program[注釈1]によると、これほど多くの人が我慢を強いられたにもかかわらず、2020年のGHG排出は、前年と比べて6.4％削減されただけであった。翌2021年には、再び増加に転じている。1.5℃目標を達成するためには、単純計算で2050年までの30年間にわたって、毎年3.3％ずつ削減し続けなければならず、「我慢」によって1.5℃目標を達成することはほとんど不可能であることを、この事実は示している。

図9-19　羽田空港の出発案内にはフライトキャンセルの告知が並んでいる（2020.11.21 筆者撮影）

炭素フリーエネルギーの導入拡大や、エネルギー効率の大幅な改善など、我慢に頼らずに地球の再生力の範囲で持続可能かつ快適な暮らしを実現するイノベーションと社会実装なくして1.5℃目標の達成は不可能であり、科学技術分野への期待はかつてないほどに大きい。

先進国から途上国まで世界全体で環境問題に取り組んでいくためには、社会・経済の課題解決が大きな鍵となる。日本の一人当たりのGDPと隅田川のBOD注釈2の対比から、一人当たりのGDPが1万ドルを超えたあたりで、水質が劇的に改善されていることが分かる（**図9-20**）。社会や経済の課題解決が直接的に環境問題を解決するわけではないが、明日のパンの心配をするような懐事情では、100年後の気候のことなど考えられないのは当然である。

本書の冒頭でも紹介したSDGsの17のゴールを環境、社会、経済に整理した図1-4から、持続可能な地球環境が持続可能な社会の基盤であり、持続可能な社会が持続可能な経済を支えるという関係性を的確に表していることが分かる。また、SDGsにおいて環境問題に関わるゴールが4種（気候変動、陸域生態系、海洋生態系、水注釈3）であるのに対して、社会や経済課題に関わるゴールが12も用意されているのは、貧困、教育、人権、衛生、医療といった人が尊厳を持って生きるための根本的な社会資本の整備がまだまだ不十分であるという現実の反映である。より長期的な、世代を超えた時間的な視座を必要とする環境問題の解決には、こうした社会・経済課題の解決が絶対的な必要条件と言える。

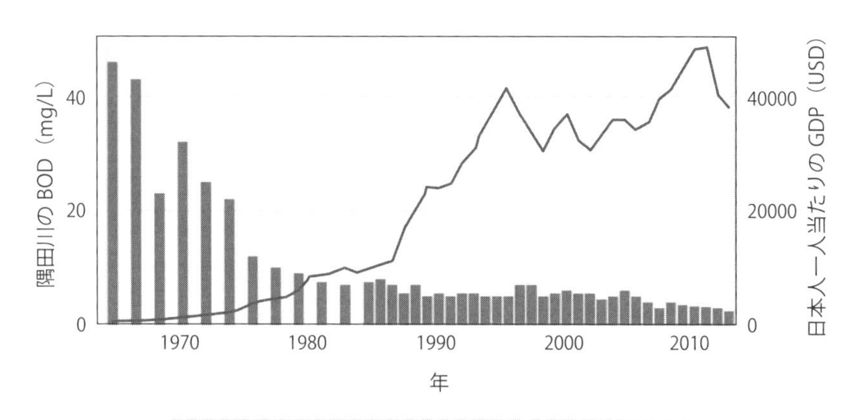

図9-20　日本人一人当たりGDPと隅田川のBODの推移

ポイント

- ☑ 1.5℃目標を達成するには毎年3.3％削減が必要であり、イノベーションと社会実装が不可欠である。
- ☑ 持続可能な地球環境は、安定した社会や経済なくして実現はできない。

注釈1　発電部門（29カ国）、産業部門（73カ国）、道路交通部門（406都市）、航空・海上輸送部門、商業・家庭部門（206カ国）のCO_2排出量をほぼリアルタイムに日次で全世界に提供する機関

注釈2　Biological Oxygen Demandの略で、値が低いほど水質が高い

注釈3　SDGsのゴール6（安全な水とトイレを世界中に）は本来、社会課題に分類されるべきであるが、ここではウェディングケーキモデルに従って環境に分類している

内容をより深めるための参考文献

[1] グリーンケミストリー、日本化学会化学技術戦略推進機構、渡辺　正、北島昌夫 訳、丸善出版、1999年

[2] 工業有機化学（上・下）原料多様化とプロセス・プロダクトの革新、H. A. Wittcoff、B. G.　Reuben、J. S.　Plotkin 著、田島　慶三、府川　伊三郎 訳、東京化学同人、2015年

[3] 物質・エネルギー再生の科学と工学、葛西栄輝、秋山友宏 著、共立出版、2006年

[4] 現代の化学環境学 －環境の理解と改善のために－、御園生 誠 著、裳華房、2017年

[5] LCA概論、伊坪徳宏、成田暢彦、田原聖隆　著、青木良輔、稲葉敦　監修、2007年

[6] LIME3　改訂増補 ―グローバルスケールのLCAを実現する環境影響評価手法、伊坪徳宏、稲葉敦　編著、2023年

[7] 2030年の世界地図帳　あたらしい経済とSDGs　未来への展望、落合陽一　著、SBクリエイティブ、2019年

[8] CSJカレントレビュー34　持続可能社会をつくるバイオプラスチック　バイオマス材料と生分解性機能の実用化と普及へ向けて、日本化学会 編、化学同人、2020年

[9] 令和5年版 環境・循環型社会・生物多様性白書、環境省、2023年

[10] 触媒化学 ―基礎から応用まで（エキスパート応用化学テキストシリーズ）、田中庸裕、山下弘巳　編著、講談社、2017年

索引

英数字

あ

か

さ

た

な

は

ま

や

ら

【著者紹介】

堀越　智（ほりこし　さとし）

上智大学　理工学部　物質生命理工学科　教授

専門分野：化学・環境・エネルギー・生物・マイクロ波化学

グリーンケミストリー（GC）の講義を10年以上担当している。人々の暮らし、環境エネルギー問題を「The Best or Nothing」の姿勢で、GCを駆使しながら「研究と教育」から解決している。

大橋　憲司（おおはし　けんじ）

株式会社資生堂　シニアスペシャリスト

上智大学　理工学部　非常勤講師

専門分野：ライフサイクルアセスメント、環境リスク、分子生物学

企業でライフサイクルアセスメント（LCA）やサステナビリティ関連財務情報開示に取り組むとともに、大学でもLCAの講義を担当する。自然や環境に興味を持つ人を増やすべく、海のいきもの観察会を16年にわたって主催している。

近藤　晃（こんどう　ひかる）

三菱ケミカル株式会社　博士（理学）

専門分野：化学、有機合成、触媒、サーキュラーエコノミー

バイオマス利活用やサーキュラーエコノミーの研究開発に従事している。サイエンスの力で人々の健康な暮らしや社会と地球の持続可能性に貢献している。

グリーンケミストリー
環境負荷を減らすために必要な化学知識　NDC571

2024年3月30日　初版1刷発行　定価はカバーに表示されております。

堀越　智
大橋憲司
近藤　晃
発行者　井水治博
発行所　日刊工業新聞社
〒103-8548　東京都中央区日本橋小網町14-1
電話　書籍編集部　03-5644-7490
販売・管理部　03-5644-7403
FAX　03-5644-7400
振替口座　00190-2-186076
URL　https://pub.nikkan.co.jp/
e-mail　info_shuppan@nikkan.tech

印刷・製本　新日本印刷

落丁・乱丁本はお取り替えいたします。　2024　Printed in Japan
ISBN 978-4-526-08327-3　C3043